亚热带建筑科学国家重点实验室（华南理工大学）自主课题（课题编号：2017KB11）
高密度人居环境生态与节能教育部重点实验室（同济大学）开放课题（课题编号：2018
西部绿色建筑科学国家重点实验室（西安建筑科技大学）开放课题（课题编号：LSKF201802）
建筑安全与环境国家重点实验室暨国家建筑工程技术研究中心（中国建筑科学研究院）开放课题（课题编号：BSBE2018-01）

U0672961

建 筑 采 光

Daylighting for Buildings

边宇 著

中国建筑工业出版社

图书在版编目（CIP）数据

建筑采光 / 边宇著. —北京：中国建筑工业出版社，2019.7（2025.5重印）
ISBN 978-7-112-23729-6

Ⅰ.①建… Ⅱ.①边… Ⅲ.①建筑照明—采光 Ⅳ.①TU113.6

中国版本图书馆CIP数据核字（2019）第087230号

本书系统介绍了中外建筑采光的历史和古今中外建筑采光的佳例。全书除了较系统地介绍了通常建筑采光的知识和方法外，还重点介绍了动态采光计算机模拟新技术和全天候天空亮度分布等新模型，内容新颖，图文并茂。本书的出版，将对建筑采光的理论与实践以及绿色建筑光环境设计均具有重要的参考与指导作用。

本书可供广大建筑师、景观设计师、环境艺术设计师、建筑技术工作者、高等建筑院校建筑学专业师生等学习参考。

责任编辑：吴宇江　许顺法
责任校对：赵　颖

建 筑 采 光

边宇　著

*

中国建筑工业出版社出版、发行（北京海淀三里河路9号）

各地新华书店、建筑书店经销

北京点击世代文化传媒有限公司制版

建工社（河北）印刷有限公司印刷

*

开本：787×1092毫米　1/16　印张：13　字数：203千字
2019年7月第一版　2025年5月第三次印刷
定价：58.00元
ISBN 978-7-112-23729-6
（34035）

版权所有　翻印必究
如有印装质量问题，可寄本社退换
（邮政编码 100037）

序

光是地球生命的来源之一，是不可或缺的生存之基，是人类认识外部世界的前提，是能量的不竭源泉，是信息的理想载体，是文明的推进器，也是欣赏视觉艺术的必要条件。

正如本书所言，天然光是人类的本能追求，也是显色性最好的光源，在相同的照度水平下，人们在天然光环境中的视觉功效比在人工照明条件下要高出 5% ~ 20%。此外，本人要特别强调的是，天然采光，即在人居环境中利用太阳光能，是最有效的利用太阳能的途径。因为其他的利用太阳能的方式，例如利用集热器将太阳能转换成热能，或通过光伏作用将太阳能转换为电能，都存在一个不同能量形式之间的转换与利用效率的问题，不可能百分之百地利用。大家知道，目前光伏转换的效率能达到 18% 就很不错了，而通过采光，直接利用太阳光能，则无须经过转换成其他形式的能量，自然效率最高。因此，在人类面临能源与环境两大危机的当今，在推行绿色建筑、促进节能减排、改善人居环境的热潮中，注重对建筑采光的研究与实践，充分利用太阳光能来照亮与美化人居环境，是十分有价值、有意义的课题。边宇博士的《建筑采光》这本书，在此时撰写出版，无疑是应运而生、适时而为的好事，值得为之赞贺！

本人新近提出光景（Lightscape）的概念，倡导建立"光景学"的新学科。所谓光景，指的是由各种光源及其光照所形成的景观，或主要由光照或光影变化所形成的景观。它是视觉景观的一个特别部分，是引起乡愁的重要因素。光景又分为自然光景与人工光景或兼有二者的光景。光景学强调研究光景是如何被个人或社会群体所感受与了解的。因而，它是传统建筑光学的拓展与补充。换言之，光景学主张不仅从物理学的角度来研究光景，同时尚须从社会学、历史学、民俗学、环境心理学与行为科学等多学科相交叉的视野来开展研究，以便深入探讨人、社会与光景观、光环境之间的相互关系。我与邱坚珍博士在这一领域已发表数篇论文。边宇博士也积极投入光景学的研究，发表了相关论文。《建筑采光》一书中的不少内容，也同光景学相关。光景学的研究与实践，对于进一步改善人居光环境，建设美丽、健康的人居环境将发挥重要作用。

《建筑采光》一书，系统介绍了中外建筑采光的历史和古今中外建筑采光的佳例。除了较系统地介绍了通常建筑采光的知识和方法外，还重点介绍了动态采光计算机模拟新技术和全天候天空亮度分布等新模型，内容新颖，图文并茂。相信此书的出版，将对建筑采光的理论与实践以及对绿色建筑光环境设计均具有重要的参考与指导的作用。

吴硕贤

中国科学院院士

华南理工大学建筑学院教授

前　言

建筑采光无疑是一个很重要的问题，建筑的天然光环境是广泛受人关注的。作为建筑学大范畴内的一门学问，或称作一个专门的研究方向，建筑设计人员以及对采光感兴趣的人们对于建筑采光的认知程度深浅不一，且近些年采光领域涌现了不少新知识，遂决议写一本新书专门阐述之。

亚热带建筑科学国家重点实验室设立建筑光学子实验室支持开展建筑光学领域的研究。自 2011 年始，我们及同仁受命组建建筑光学实验室以来，国家重点实验室以不同形式支持光学实验室的建设，并对天然光研究课题给予了持续的资助，本书的成稿离不开这些能量的支援。还要特别致谢 Alstan Jakubiec 教授等国际上的采光研究专家对于我们的无私教导，让我们受益匪浅。

感谢吴硕贤先生对于建筑光学专业发展的关心与呵护，并代为作序。

此书共分为七个大章节。第一章简述了建筑采光在国内外的发展，对于我国古建筑采光的认识有些新的观点，其中有些观点也值得与读者共同探讨；第二章将视觉、视觉舒适、光健康等内容汇编成了人与光，并进行了扼要的介绍。视觉舒适度的问题是一个热点问题，在进行建筑设计时应给予重视；第三章阐述了建筑采光设计的基础知识与基础测量等内容，概括说明了开展天然光研究、了解天然光知识所需要的基础；第四章，详细阐述了传统采光分析的理论与方法，尤其对于采光系数的讨论引起更多人的关注，而且对于静态采光分析的长处与不足都做了较为详细的讨论；第五章讲动态采光，这是以往国内出版的建筑采光著作中所没有的，是新东西，也是本书中最重要的部分。动态采光分析是具有先进性的，也应当在建筑项目的采光分析中推广；第六章分门别类地讲述建筑采光构件，也就是分析采光的主要部件，比如对于窗的分析就很详细；第七章，根据不同的建筑类型选择了部分优秀的建成案例加以扼要分析与说明，供读者学习交流。这本书在章节安排上与之前的建筑光学书籍不尽相同，但也努力做到了前后衔接、环环相扣，尤其是第五章讲动态采光，值得读者们重点关注。

本书在编写过程中，得到母校天津大学以及同济大学、中国建筑科学研究院、西安建筑科技大学、重庆大学、清华大学等单位的热情帮助，提供了许多宝贵资料和意见。全书审阅专家有郝洛西教授、赵建平教授、孟庆林教授、张玉坤教授、林若慈教授、王立雄教授、王爱英教授等，在此一并致谢。

边宇

2018 年 10 月

目　录

建筑与光

　　建筑采光是指在建筑中有节制地使用天然光。"采"是一个动词，形象地描述了将环境中的天然光引入建筑室内的动作，但这一过程应该是有明确目的、受人控制的，即将太阳直射光、天空漫射光通过直接入射、反射、散射或是阻隔等在建筑内营造出理想的光环境。良好的采光带来的益处包括：有助于降低建筑照明耗电量以及制冷能耗；提高使用者舒适度与工作效率；与室外良好的视线沟通；光线赋予的建筑之美。

　　采光这一概念几乎伴随着建筑本身的出现而出现。从人类早期搭建的用于栖身的草棚，到各个时代不同地域的民居，再到现代的各类型建筑，以至于举行国家庆典的最高规格建筑（图 1-1 为天坛祈年殿室内光环境），这些建筑是人类活动以及文化的最重要载体，而光在其中都扮演着极为重要的角色。如何运用光，备受建设者、设计者关注。

图 1-1　天坛祈年殿室内光环境

在很长的一段时间里，天然光是建筑日间照明室内的最主要选择，虽然人类早就发现火光也可以照明室内，但由于种种不便火光并未能与天然光形成竞争。直至20世纪40年代以后，电光源方才在我国社会中有所普及，渐渐地成为了人们日间室内照明的又一个选择。半个多世纪以来，电光源技术得到了极快速的发展，这已经使得建筑的室内照明可以不需要依赖天然光。与此同时，有两方面的问题值得我们关注：其一，大量使用电光源所导致的能源消耗势必会加重环境的压力，尤其电能的产生过程中会造成环境污染；其二，远离天然光在生理和心理层面均对建筑使用者有着不利影响。以上问题将在下文中专题论述。建筑采光的发展也经历了不同的阶段，在不同的历史时期有着不同的发展程度。

有关建筑与光的话题可讲的很多，本章拾取其中部分扼要内容，分为两部分：一是工业革命之前我国建筑采光之发展；二是工业革命之后西方现代建筑采光的发展。

1.1　我国古建采光

我国古时人们对于光环境的要求与当今迥异。工业化之前以农耕为主的社会中，大多数人们的大部分日间时光在户外务农或畜牧，

（a）

（b）

图 1-2　半坡原始居民的房屋复原图（a），河姆渡遗址干阑式民居复原图（b）

对于室内光环境的重视程度不高。最早期的建筑主要作用是遮风避雨，免受猛兽的侵袭，就这个阶段而言，谈及采光问题为时尚早，如属于我国原始社会阶段的半坡文化遗址中发现的早期聚落——半坡原始居民的房屋复原图（图 1-2）所示，并未出现专门用于采光的窗口或洞口。但同属于原始社会的河姆渡遗址干阑式民居则已经在外墙上出现了窗洞口。在建筑中有意地进行采光，即在建筑中开窗是建筑发展中的一项重要进步。由此可知，人类对于天然光的本能追求，促使早期人类在掌握稍微复杂一点的建筑技能后便开展了"采光"的行动。

我国奴隶社会时期，建筑形式已经较为精美，据可考证的资料，属于商代早期的偃师二里头遗址中复原的宫殿建筑（图 1-3）的立面上已出现了接近现代意义上的"窗"的形式，而不是"洞"。华夏文明行进到战国时代，建筑技术又有了进一步的提高，由战国漆器上的建筑形象（图 1-4）可知，当时建筑中已经设计并建造出了具有图案装饰效果的窗，其花纹细致且规整，这也说明战国时期或更早的"窗"作为独立的建筑采光构件，已不仅仅只具有功能性，人们对于建筑采光追求已经有意识地与美结合起来。

有汉一朝，国祚绵长，使得我们有机会更多地窥探该时代的建筑，尤其市井百姓的住宅代表着社会中建筑的一般水平。从出土的汉代陶楼（图 1-5）中可见，即便当时的住房建筑已经开始使用了复杂的开窗法，也就是同时使用多种窗体组合（如侧窗与天窗）从多个方向进行采光，亦由其他资料可知此时的建筑开窗已经十分多样化。立面上的侧窗、屋顶的天窗、山墙上开高窗等做法十分普遍，更加立体的开窗法使得天然光的照明范围进一步扩大，照明效果更好。这也是建筑采光做法的一个进步。汉之前，天窗的做法相对较少，故而有"秦多用牖，窗少见"的说法，这里古语中"牖"指的是现

图 1-3　河南偃师二里头遗址宫殿复原图（商代）

图 1-4　战国漆器上的建筑形象

图 1-5　某汉代陶楼

图 1-6　具有可开启窗扇的汉代陶楼

在意义上的侧窗，而"窗"特指天窗。至此，我国古代建筑的开窗法基本成型。

早期的门窗有一个问题，就是缺少透光材料的覆盖。在远古时期，结合当时的生产力水平只好使用动物毛皮遮挡窗户。秦汉之前高规格建筑已经使用绢、布糊窗，或用麻或者布编织"窗扇"来保持透光和防风，而平民基本上都是用草席做窗户的。此外，为了解决窗户透风溯雨的问题，部分建筑窗户后有屏风隔断，或设有帐幔遮风挡雨。秦汉时或更早的时期，我国已经出现了可开启的窗扇（图 1-6 ），部分窗扇为木板，严实、不可透光，这种设计也使得房屋使用者可以根据自身需求调节室内光环境，且在关闭窗扇后可以达到密闭保暖的作用。值得一提的是，在纸发明之前，平民居所的窗户未有理想的透光的材料进行覆盖，此种情况下常见的做法是使用木板或稻草在夜间进行遮盖。而在东汉后期，造纸术逐渐成熟，但尚未大规模普及，纸的质量也不是很好，容易烂，不能大面积地当窗户纸用。一直到魏晋南北朝时期纸张才大量普及，平民百姓也才能用得起。再后来，根据需求造纸术也得到了改进，出现了一种韧皮纸专门用来糊窗户。纸糊窗户具有一定优势，既能采光又能挡风，就算破损也能随时更换。纸糊窗的普及对于我国古建筑的采光而言十分重要，形成了我国特有的室内天然光环境之韵味。北宋王安石有《纸暖阁》："楚谷越藤真自称，每糊因得减书囊。"说的是他用已经写过字的楚地谷皮纸和吴越藤纸糊窗子的事情。我国劳动人民还专门制作出了一种高柔韧性、不易破损的油窗纸，能够防水，透光性能也非常不错，就像古人使用油纸伞用来遮雨，雨水也没那

图 1-7　南宋萧照《中兴瑞应图》(局部)

么容易渗透油纸伞。《唐宋白孔六帖》里记载："糊窗用桃花纸涂以水油，取其甚明"。清代宫廷地位较高的殿堂用高丽纸糊饰，这是一种用绵茧或桑皮制造的白色绵纸，不仅透明白净，而且质地坚韧，经久耐用。图 1-7 为南宋萧照《中兴瑞应图》中一处建筑，从画中已经可以看出格子窗上糊的窗纸带来的光效，且窗外还挂满了卷起的竹帘，中国古建筑特有的采光元素所带来的韵味跃然纸上。但图中如此大面积的开窗在当时并不适用于人们长期生活起居的建筑，北方地区尤甚，因为纸、布并非理想的建筑透光材料。除了纸、布等这些，还有一种用在窗户上的材料——明瓦。明瓦在宋代时出现，它的材料或为片状云母矿石，或由贝壳打磨成，镶嵌于窗格上，是一种半透明装饰材料。但明瓦的造价高昂，平民家庭根本用不起，基本上是贵族们才能用的。清代黄景仁有《夜起》:"鱼鳞云断天凝黛，蠡壳窗稀月逗梭"，"蠡"即贝壳。在红楼梦里，贾府的窗户上用的就是明瓦。

　　我国古代技术文明辉煌灿烂，但对于建筑采光来说最大的遗憾大约就是未能制出在建筑中用作透光材料的平板玻璃。缺少理想的透光材料导致无论窗大窗小采光都不甚理想，这在一定程度上限制了更大面积窗户的出现（当然也存在气候、文化习惯、安全等原因，但缺少理想的透光材料才是技术层面的主导因素之一）。尤其是在住宅中，采光欠佳的情况使得古人长期地与建筑接触中对于偏暗的室

（a）　　　　　　　　　　　　　　　（b）

图 1-8　两种不同的弹琴场景

内环境习以为常，这种适应性导致了很多结果，也是形成建筑风貌的因素之一。不得不承认我国古代建筑中的一部分，尤其是部分民居建筑，以今天的标准与感受习惯反观之则可以认为室内照度偏低。当然偏低的室内照度也促使人们将更多的作业移至室外或无围护结构的建筑中，诸如利于采光的亭台水榭等类型的空间中进行，这种亲近自然的行为习惯也催生出了高超的园林艺术、孕育出了诸多造型优美的园林建筑。李白《鸣皋歌送岑徵君》中的一句"琴松风兮寂万壑"，更是说明问题。如图 1-8 所示，我国古人多倾向于室外抚琴，而非像部分欧洲国家多在室内演奏，偏暗的室内天然光环境是导致这种倾向性的因素之一。我们现在使用的玻璃窗对于古人是奢侈的。有记载雍正皇帝最早在养心殿内安装了两块平板玻璃。大约从清光绪年间开始，玻璃才得以在我国建筑中使用。那时候，紫禁城各宫殿的门窗逐渐换上了玻璃，窗户纸逐渐从宫廷中消失。直到玻璃价格大幅下降之后，普通百姓才真正开始使用玻璃。清末由于西学东渐，西方建筑中彩色玻璃花窗这一元素在当时国内较先通商的广东地区的富绅宅邸中成为了一种"时髦"。当时彩色玻璃从法国或比利时进口，经过工匠的加工形成了一种兼具中西风味的所谓"满洲窗"。图 1-9 为清末广州番禺余荫山房使用彩色玻璃进行采光的厅堂。无论这种手法应用于中国传统园林中的美学评价的高低，至少这给长期使用窗纸的传统建筑引入了另一种选择，富绅对于玻璃窗的爱好也促进了玻璃在国内建筑中的普及。也正是由于玻璃的普及促进

图 1-9　番禺余荫山房内某使用彩色玻璃窗的厅堂（清末）

了各类型建筑中采光窗面积的增大，催生了更为复杂的开窗法，这种趋势给房间带来了更充足的采光。

在欧洲，大约在 4 世纪，罗马人开始把玻璃应用在门窗上。到了 13 世纪，意大利的玻璃制造技术已经非常发达，但大块的平板透明玻璃在 18 世纪才被广泛生产出来。当时的玻璃的制作工艺需要手工铸造与抛光，费工费力，导致平板玻璃价格不低且平整度欠佳。直到 1959 年英国皮尔金顿（Pilkington）公司发明浮法玻璃工艺，大片的、平整度高的、光学性能均匀的平板玻璃被生产出来，且无需手工抛光。这一革命性的技术大幅提高了建筑用采光玻璃的品质，降低了其价格，提高了产量。在我国，玻璃工业的起点要追溯到 1922 年创立的秦皇岛耀华玻璃厂。至 1949 年，我国也仅有 3 座平板玻璃生产厂，多采用手工操作工艺，生产设备简陋。20 世纪 50 年代中期至 20 世纪 60 年代前后，相继建成了多个玻璃厂。20 世纪 70 年代在洛阳玻璃厂试制成功浮法玻璃，生产出了平度好、没有水波纹的大块平板建筑玻璃。这些工业基础对于建筑采光而言意义重大，至今高品质平板玻璃已成为了司空见惯的建筑材料。发展至今，建造技术层面的因素不再是限制建筑采光的主导。

古今中外，人们对于建筑内天然光的追求朝着更多、更好的方向不断前行、从未停歇。图 1-10 为位于英国建于 1597 年的 Hardwick Hall，其中立面上开玻璃窗的面积已经超过实墙面积，这

图 1-10　英国 Hardwick Hall（1597 年）

是一种进步。纵观建筑的发展进程，大体上可以说，建筑的发展伴随着采光口面积的逐渐增大，其原因只有一个：天然光是人类最本能的追求！

1.2 现代建筑采光

工业革命给世界带来了现代化，也同样对建筑采光提出了新的要求，当然也给建筑采光方式带来了革命性的变化。首先，工业技术的大跨步进步，如前文中提到的新的玻璃制作工艺不断被发明。此外，支撑玻璃的框架技术也得到了快速发展，铁制的窗棂、铸铁桁架与铸铁柱子的出现使得大面积的透光结构得以发展。这些革命性的进步催生了一种全新的建筑。

两个多世纪以来，园艺都对天然光有着特别的需求。在快递或冷链运输出现之前，人们只能吃到当地产出的水果蔬菜。然而人们的欲求在不断提高，稀罕的玩意总是能够受到追捧，鲁迅先生就曾描述到："北方司空见惯的大白菜到了南方便改了名字成了餐桌上的珍馐佳肴"。而在北方能吃到原产于热带地区的香蕉、菠萝成为了富人的一种需求，这些水果的自然生长条件使得它们不适合在寒冷的北方地区直接种植，只好把他们种在由玻璃建造的温室内以提供足够的日照与温湿度。由此，玻璃温室被建造出来，图 1-11 是 1848 年在英国伦敦建造的基尤棕榈园，该温室主要是用来种植棕榈树以及一些来自热带的植物或水果。此类建筑采用熟铁打造的桁架支撑着大面积的玻璃，檩条也很纤细，占据采光面积少，这使得大量的天然光得以透射进入室内。有可能人们正是从此类建筑中认识到了大面积采光窗所具有的优良的光学与热工性能。与棕榈园类似，图 1-12 是更为知名的"水晶宫"，建成于 1851 年，最初位于伦敦市中心的海德公园内，是万国工业博览会场地，被认为是 19 世纪的英国建筑奇观之一。不少人将"水晶宫"视为现代设计的开端，主要由于其作为建筑本身对于新材料（玻璃、金属）、新工艺、新技术的应用，认为它实现了形式与结构、形式与功能的统一，摒弃了古典主义装饰风格，向新时代的人们预示了一种轻、光、透、薄的建筑技术与美学，开辟了建筑的新纪元。

图 1-11 英国基尤皇家棕榈园（1848 年）

图 1-12 英国伦敦水晶宫（1851 年）

19 世纪后半段的欧洲与北美，受到轻质金属桁架与大面积采光玻璃这类建筑形式的启发，并且受益于这类做法带来的充沛采光效果，因此诸多不同类型的建筑，如火车站、图书馆、购物街、展览馆等都被覆盖在了这类钢与玻璃所构筑的大跨度结构下，当时建成的不少建筑至今令人叹为观止。图 1-13 是坐落于美国俄亥俄州克利夫兰中心城区的购物街，建成于 1890 年，大跨度的采光顶使得日间照度充足，在很大程度上减少了对于蜡烛、油灯、汽灯的依赖。

值得一提的是大约在 19 世纪 80 年代人类发明了最早的电光源——"白炽灯"。电光源的出现是人工光中的里程碑事件，一扫冒着黑烟且不安全的煤油灯或瓦斯灯，成为最受人们欢迎的人工光源，但早期的电灯使用成本极高，有研究称 1880 年的电灯使用成本约为今天的 600 倍，当时采光并没有因为电灯的出现而受到轻视。直到 20 世纪 40 年代人类发明了可大规模生产的荧光灯，荧光灯的发光效率有了大幅提高且成本较低，在室内照明方面似乎可以替代天然光，一度出现了建筑设计无需过多注重采光的思潮，这种趋势大约到 20 世纪 60 年代达到了顶峰，当时甚至出现了无采光的教室，理由是怕窗外的景色令学生们分心。但是 20 世纪 70 年代的能源危机使得建筑行业对于天然光、太阳能的重视程度达到了空前的高度，甚至有在建筑中用天然光完全替代人工能源的思潮出现，但这一热潮随着后来新的大油田的发现、能源危机的解除而趋于冷静。伴随着人们对于天然光在节能、舒适、健康等方面的优越性的深入了解，直到电光源技术高度发达的今天，建筑采光一直是建筑设计中最受关注的内容。

图 1-13　美国克利夫兰购物街（1890 年）

　　工业革命也在其他方面带来了变革，比如引发了早期的城市化，大量人口从农村地区向城市集中，人们聚集在磨坊、工厂、车间、作坊里工作，这也对建筑室内的天然光环境提出了更高的要求。为了满足天然光的需求，建筑的平面与剖面均需合理布置，采光在一定程度上塑造了建筑的形式。对于多层或高层建筑而言，其平面较窄则更为适宜，因为侧窗采光的有效进深通常为层高的 2 ~ 3 倍。对于需要平面较大的建筑类型则宜单层，因为天窗采光不受平面大小的影响，因此出现了工业化的采光屋顶。对于平面较大的多层建筑而言，则可以在平面中安插采光井，或者使用中庭解决平面核心区采光不足的问题，这种可采光中庭的样式可被视为现代中庭的发端。图 1-14 是著名建筑家弗兰克·劳埃德·赖特为拉金肥皂公司设计的大楼，该大楼为 5 层建筑，位于美国纽约布法罗，建成于 1906 年，建筑设计时使用了可采光的中庭，解决了建筑平面核心区域采光的问题。19 世纪是充满变革的世纪，工业革命的发生给建筑形式来了质的变化，铁质的桁架结构、玻璃、电灯以及诸多建筑技术上的革新均伴随着工业革命而出现，它们的影响至今仍在。建筑师姚仁喜设计的中国台湾彰化高铁站（图 1-15），在大平面建筑中布置采光井的手法，功能与形式取得了良好的统一。2005 年落成的英国阿伯丁大学新图书馆（建筑设计：Schmidt Hammer Lassen architects）采用了独具特色的不规则中庭设计塑造了该建筑最令人印象深刻的元素（图 1-16）。

图 1-14　弗兰克·劳埃德·赖特设计的位于纽约布法罗的拉金大楼（1906 年）

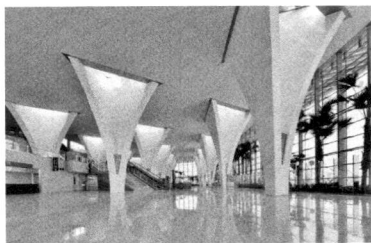

图 1-15　中国台湾彰化高铁站
（2015 年）

图 1-16　英国阿伯丁大学新图书馆中庭
（2005 年）

图 1-17　包豪斯校舍（1926 年）

　　20 世纪上半叶，建筑领域出现最大的变革是包豪斯运动，总体而言包豪斯运动进一步强化了采光在建筑中的作用。大面积的采光窗营造出明亮的室内环境，成为了包豪斯风格建筑的一个特征。位于德国德绍市由格罗皮乌斯设计的包豪斯校舍特征鲜明（图 1-17），大面积的侧窗采光启发着后世的建筑设计。及至 1958 年，由密斯凡德罗设计、在纽约建成的西格拉姆大厦更是将整个建筑表皮做成了"窗"，通体被玻璃幕墙包裹的高层建筑由此发端，逐渐变大的采光口面积，在引入更多天然光的同时也带了新的问题，比如过量的天然光入射导致的室内过热，导致的更高的制冷能耗，玻璃材料偏低的保温性能导致的采暖能耗增加，大面积的采光窗对于遮阳也提出了更高的要求。建筑采光问题由早前如何令室内采光更加充足发展成为如何保证室内具有适量的天然光数量的同时，再满足视觉舒适度的要求。实际上，大约在 20 世纪 40 年代之前天然采光一直是建筑室内获得光线的主要途径，之后随着人工光源的发展，尤其是荧光灯的出现，使得建筑对于采光的依赖程度有所下降，但 20 世纪 70 年代的能源危机又使得人们更加认识到充分利用天然光的节能效益，采光再次被重视起来，及至 2000 年后，由于对天然光健康效应的认识，使得采光成为几乎所有建筑都需要重点考虑的问题，营造充足、舒适的天然光环境成为设计师的责任。

　　时至今日，现代建筑设计手法丰富多样，建筑技术高度发达。新材料、新工艺、新的设计理论与新的控制方法给建筑采光设计带来了无限可能。图 1-18 是由妹岛和世和西泽立卫主持设计的位于瑞士洛桑工学院内的劳力士中心。其建筑设计为大面积单层平面，平面中布局多个"洞"，在功能上有利于给整个平面上的空间提供充沛的采光，在通高的侧窗上安装有可收起的百叶遮阳装置，根据室外天然光环境的变化可进行控制，这使得在日间大多数时间室内照明可仅依赖天然光，降低了对于人工照明的依赖，增加了人的舒适感受，与室外景观环境无处不在的视线沟通也令人心旷神怡。先进的控制技术也应用于营造建筑天然光环境。图 1-19 所示为阿联酋阿尔巴尔塔楼，该建筑的外遮阳表皮由 2000 块"伞状"活动结构组成，该动态表皮可根据太阳辐射强度进行动态适应调整，以期在建筑室内营造舒适的光环境。但是，建筑发展至今，在采光上存在的问题也不少，某高校新建教学楼的北向立面密密麻麻安装满了遮阳板；有些体育馆建成后室内阴暗，如同"墓室"，令步入其中者丝毫感觉不到一丝健康的意味。这些建筑的落成实在令稍懂得些采

图 1-18　瑞士劳力士中心（2010 年）

图 1-19　阿联酋阿尔巴尔塔（2012 年）

光知识的人士痛心疾首，也希望本书有助于丰富建筑设计人员对于采光的认知。

建筑采光领域的学术研究成果更是不断地推陈出新。20 世纪 90 年代推出的 Radiance 光线模拟程序提供了建筑采光计算机模拟的基础，迄今基于 Radiance 开发的采光模拟程序已经可以实现丰富的功能。2000 年后出现了基于气候的采光建模（CBDM，Climate Based Daylight Modeling）技术理论，由此引出一整套动态采光理论彻底颠覆了以往一直使用的、以采光系数（DF，Daylight Factor）指标为基础的静态采光分析，这是采光理论研究领域上的一次大跨步，对于我们准确认知建筑内的天然光分布发挥了重要的作用。天然光环境下的视觉舒适度问题、光健康问题、人们对于光环境的动态适应问题目前均开展了良好的研究，这些研究成果的取得为指导我们营造更为理想的光环境奠定了理论基础。

人
与
光

　　人们为了在建筑物内进行工作、学习和生活，对建筑物提出了系列要求，其中大多数人的一个主要的诉求是：希望在室内有充分的、良好分布的光线。实际上，人们的生活时时刻刻离不开光，有了光人才能看清周围的环境，人类的视觉也是感官中最发达的，人从外界获得的信息约有 80% 以上来自视觉。人的视觉是在光的参与下完成的，光环境的舒适度对于建筑使用者至关重要，人的生理、心理健康也离不开光。本章首先介绍视觉的基本知识，其次概述了视觉舒适度方面的概念，包括新近的研究成果，最后，论述了光健康方面的一些内容。

2.1 视觉

　　太阳光谱的可见部分约介于 380 ～ 780nm 的波长范围之内，这

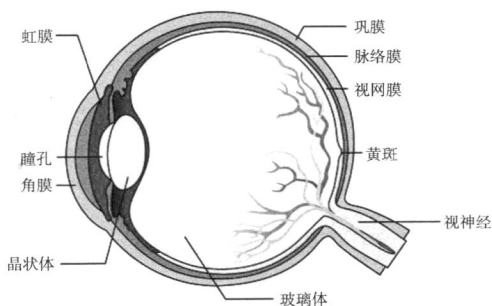

图 2-1　人眼球组织

标注文字：巩膜、脉络膜、视网膜、黄斑、视神经、虹膜、瞳孔、角膜、晶状体、玻璃体

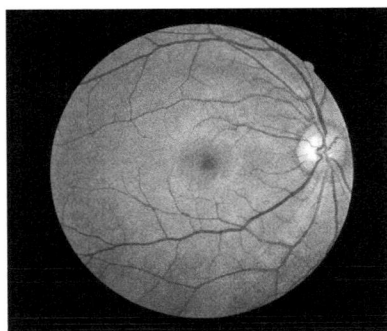

图 2-2　人眼的视网膜（右眼）

一波长范围被称作"可见光光谱范围"。可见光光谱范围是由人眼的视看特征定义的，因为只有这个波长范围内的辐射人眼能够感受到，或称为"看见"。眼睛的组织结构异常复杂而精密。图 2-1 为眼球的组织结构。大体上，环境中的光线经过瞳孔，由晶状体"聚焦"后在眼球后部的视网膜上形成清晰的图像，视网膜上的感光细胞将接受的光信号转换成生物电信号，经由视神经传导至大脑相应部分处理后，形成了人感受到的视知觉。在这一过程中，瞳孔发挥着类似相机"快门"的作用，通过其自身的缩放，进而变大变小，控制光线进入的数量；晶状体类似一个可变的"透镜"，折射光线使得其可在视网膜上形成清晰的像。视网膜是人眼中的"成像单元"，视网膜上分布着三类感光细胞，分别称作："锥体细胞（cones）""杆体细胞（rods）""神经节细胞（ipRGCs）"，其中锥、杆两种感光细胞主要负责形成视觉，神经节细胞不参与视觉的形成，它主要在调节人体生理节律方面发挥作用，该部分内容将在后文中专题讲述。如图 2-2 中所示为视网膜，中间深色的区域密布着锥体细胞，称之为"黄斑"，这是视觉形成机制中最为敏锐的区域。锥体细胞相对于杆体细胞，对于光线没有那么敏感，因此需要在较高的亮度下（＞ 3cd/m²）才工作，锥体细胞中又分为 3 类不同的锥体细胞，分别对于红、绿、蓝 3 种颜色范围的光线发挥作用，这也是为什么我们能在明亮的环境下分辨颜色。由于锥体细胞分布密度高、能分辨颜色，但只在较亮的环境下发挥机能，因此人眼在明亮的环境下可以看清物体的细部与颜色，这种视觉称之为"明视觉"。视网膜上除黄斑之外，较大的面积上分布着杆体细胞，当环境亮度低于 0.003cd/m² 时，我们的视觉仅依靠杆体细胞，由于杆体细胞不能分辨颜色，这也是为什

么在暗环境下人眼无法区分颜色，世界在夜间变成了灰度图像，这种视觉称之为"暗视觉"。介于"明视觉""暗视觉"之间的状态称之为"中间视觉"。通常情况下，天黑后的室外环境多属于"中间视觉"，不少夜间行车环境可归为"中间视觉"的研究范畴；夜深时没有丝毫人工照明的室外环境则多属于"暗视觉"。天然光环境属于"亮视觉"的范畴，本书只在亮视觉条件下开展论述。

　　人眼对于光环境的适应能力是强大的，从亮到暗，跨越了将近 12 个数量级，如图 2-3 中所示，几乎能在 $0.000001cd/m^2$ 到 $100000cd/m^2$ 的亮度范围发挥机能。能够应对如此巨大的亮度范围是人眼在自然环境中进化的结果，反映了生命体对于自然环境的一种适应。在室内，我们所接触的光环境亮度范围通常要小得多，在灯光下阅读书本时，书表面亮度约为 $10 \sim 20cd/m^2$，现在主流的液晶显示器的白场最大亮度在 $200cd/m^2$ 上下，当直视正在发光的电灯时亮度大约一千或几千坎德拉每平方米这个数量级。

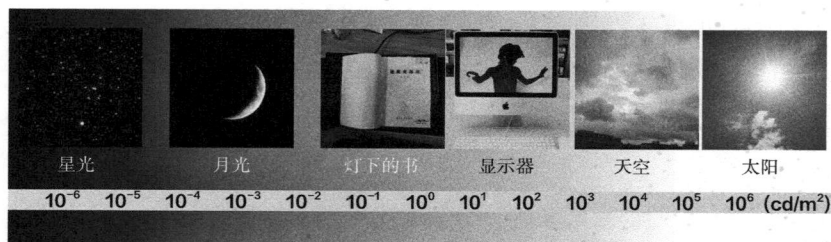

| 星光 | 月光 | 灯下的书 | 显示器 | 天空 | 太阳 |

10^{-6}　10^{-5}　10^{-4}　10^{-3}　10^{-2}　10^{-1}　10^{0}　10^{1}　10^{2}　10^{3}　10^{4}　10^{5}　10^{6} (cd/m^2)

图 2-3　视看的亮度范围

　　人眼是出于何种机能足矣适应如此巨大的亮度范围？首先，瞳孔的缩放控制着进光量，如图 2-4 中所示，当环境较亮时瞳孔缩小以减少进光量，适应亮环境；当人处于较暗环境时，瞳孔扩大增加环境光线入射进而适应暗环境；瞳孔的缩放过程较快，通常在 1s（秒）内完成。其次，视网膜上的感光细胞的光化学响应特征也可以根据环境的亮暗进行一定的调整。但该调整的过程相对较慢，"锥""杆"细胞需要一定时间重新调整以适应亮度变化。因此，虽然人眼能够识别的亮度范围极大，但这不意味着在这个范围内的任一光环境都可以令人舒适。实际上，视觉不舒适的根源在于其所处场景内的光环境令人眼的正常生理机能疲于应对。需要明确的一点是：在某一个时刻，人眼只能应对大约 2 个数量级范围内的亮度差异。也就是

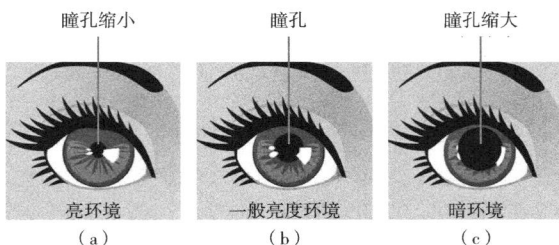

图 2-4 人眼通过调整瞳孔大小适应亮暗环境

说：某一时刻，视野内所包括的亮度范围过大，超过 2 个数量级，人眼则无法通过调整瞳孔大小的方式进行适应。人眼的这一生理特征可以解释很多现象。比如：白天从室外透过幕墙看某建筑内的房间时，房间内部的情景较难于看清楚。这种情形主要因为室外环境的亮度通常超过 1000cd/m^2，而同时刻视觉适应的亮度下限值约为 10 ~ 100cd/m^2，这一亮度水平通常超过了房间室内的亮度均值。而当进入该房间时，视觉重新适应室内环境的亮度水平，室内场景则清晰可见。再比如：在室外看某一块天空时觉得其亮度是可以接受的，而在室内时视线透过窗子看到同一块天空则可能引起眩光。如果视野范围内的某部分光线亮度高于人眼当时所能接纳的亮度范围，这部分光线就可被视为眩光源，可导致视觉不舒适。

而对于突然变化的亮暗环境，人眼也存在一个适应的过程，过于强烈的亮暗变化也会令人不舒适，这种现象就是我们所称的：由暗环境进入亮环境的"明适应"与从亮环境进入暗环境的"暗适应"问题。通常情况下，成年人的眼中的椎体细胞需要 10min（分钟）左右去适应从明亮的空间进入暗空间中这种变化，最常见的情况如突然进入漆黑的电影院放映厅或白天驾车驶入隧道。而成人眼中的杆体细胞的调整则更慢，通常需要将近 1h（小时）以重新达到最佳的灵敏程度。因此，在进行光环境设计时应当避免出现过于强烈的亮暗对比，在某些亮暗区别显著的相邻空间之间则应该设置一定的过渡空间。

人眼的视看也有一定范围，即"视野"。视野是指在人的头部和眼球固定不动的情况下，眼睛观看正前方物体时所能看得见的空间范围，常用角度来表示。大多数人的视野范围为水平方向左右各 90°，垂直方向上方 60°，下方 70° 这样一个范围。

2.2 视觉舒适

视觉舒适是建筑空间光环境营造的最终目标。视觉舒适度问题较之于热舒适度问题更为复杂，影响因素众多。天然光环境下的视觉舒适度与照度及照度在空间中分布情况、亮度对比和眩光等因素有关。

2.2.1 对于光的需求

在天然光环境中，充足的工作面照度、与室外良好的视线沟通、避免太阳光直射、无眩光干扰等均是人对于光环境的基础要求，而这些因素也都与视觉舒适度问题相关。

照度（E，单位：lx）是建筑光学领域中最常用的指标，表示单位面积表面所接受的光线多寡。在天然光环境下，不同的作业对于工作面的照度要求不同。不少研究在探求某种作业（如：办公、阅读、一般生产等）需求照度多时，往往不区分天然光环境与人工照明，使用相同的照度标准。这样的态度实际上并不严谨，在一定程度上忽视了天然光的优越性。比如：天然光被认为是显色性最好的光源，而人工光源则根据光源类型不同其显色性也有高低之分。最近的研究已经证明：高显色性光源配合低照度可以达到甚至超过低显色性光源配合较高照度的照明功效。为数不少的研究均在说明在某种程度上天然光较之人工照明更好，这也进一步巩固了在建筑中尽可能使用天然光的这一原则。天然光是太阳光与天空光的总称，是最为契合人类视觉响应的光源。数百万年来，人眼在这种全光谱光源下进化，因此对于天然光的适应性最佳。如果有条件人们总是会倾向于舒适的天然光。图 2-5 中的阅读者想必有着舒适的阅读体验。

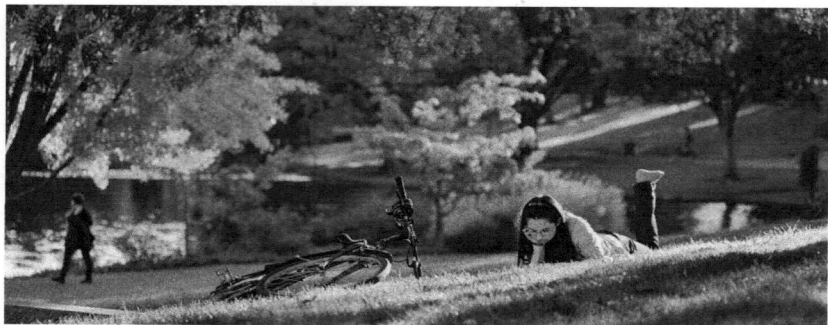

图 2-5　舒适的天然光环境

天然采光与人工照明的区别之一在于：天然光环境随着时间连续变化，而人工照明则可以提供持续稳定的光输出，这种特点也使得人对于天然光照度的要求并非需要限制在某一个确定的数值上。以人的阅读体验为例，照度的高低处于一定的范围内都可以认为是舒适的。对于工作面照度的喜好大体集中在从数百勒克斯（lx）到几千勒克斯（lx）这个范围之内。以办公与阅读空间为例，采光研究权威 Mardaljevic 教授在定义由他自己提出的动态采光指标有效采光度（UDI，Useful Day light Illuminance）时将该指标值的范围限定为 100lx-3000lx，这个照度范围是经过对建筑使用者的广泛调查后提出的，超过 3000lx 则可被视为可能导致视觉不舒适。根据本书作者在 2016 年针对华南理工大学建筑学院近 80 名本科生的调查得知，200lx-2000lx 是大多数学生在天然光下学习或进行其他简单作业所喜好的照度范围。结合其他研究成果，舒适的天然光环境中，工作面水平照度的下限值为 100lx-300lx，而其上限值约为 2000lx-3000lx。

现行国标《建筑采光设计标准》（GB50033-2013）中，对于天然光照度也做出了规定，节录如下：

- 住宅建筑的卧室、起居室室内天然光照度不应低于 300lx（使用侧窗照明）；卫生间、过道、餐厅、楼梯间的室内天然光照度不应低于 150lx（使用侧窗照明）。

- 教育建筑的普通教室的室内天然光照度不应低于 450lx（使用侧窗照明）。

- 医疗建筑中诊室、药房、治疗室、化验室的室内天然光照度标准值为 450lx（使用侧窗照明）、300lx（使用天窗照明）；医生办公室（护士室）、候诊室、挂号处、综合大厅的室内天然光照度标准值为 300lx（使用侧窗照明）、150lx（使用天窗照明）；走道、楼梯间、卫生间的室内天然光照度标准值为 150lx（使用侧窗照明）、75lx（使用天窗照明）。

- 办公建筑中设计室、绘图室的天然光照度标准值是 600lx（使用侧窗照明）；办公室、会议室的室内天然光照度值不应低于 450lx（使用侧窗照明）。

- 展览建筑中的展厅（单层及顶层）的室内天然光照度标准值为 450lx（使用侧窗照明）、300lx（使用天窗照明）。

- 交通建筑中进站厅、候机（车）厅的室内的天然光照度标准值为 450lx（使用侧窗照明）、300lx（使用天窗照明）；出站厅、连接通道、自动扶梯的天然光照度标准值为 300lx（使用侧窗照明）、150lx（使用天窗照明）。

- 体育建筑中体育馆场地、观众入口大厅、休息厅、运动员休息室、治疗室、贵宾室、裁判用房的天然光照度标准值为 300lx（使用侧窗照明）、150lx（使用天窗照明）；浴室、楼梯间、卫生间的天然光照度标准值为 150lx（使用侧窗照明）、75lx（使用天窗照明）。

除了工作面上的水平照度可用于描述人们作业对于天然光环境的需求，目前人们工作方式的改变也使得垂直照度（Ev，单位：lx）成为适宜的指标。如果对于某些空间人的视看对象主要在垂直面上（如：面对电脑屏幕进行办公），则使用视线方向的垂直照度作为指标更为合适。经过初步的调查，视线方向的垂直照度从 100 多勒克斯（lx）到 1000 多勒克斯（lx）均可以令人满意地完成办公作业，但该情况较为复杂，最起码还需要考虑到发光的显示屏的亮度与对比度等因素。此外，视线方向垂直照度这一指标还被发现与不舒适性眩光感受相关性强。

2.2.2 眩光

眩光是导致视觉不舒适的关键因素，也是一项难于量化的因素。国际照明委员会（CIE）对于眩光的定义为：由于不适宜的亮度、亮度分布或强烈的对比导致了视觉不舒适或降低了视看物体或细节的能力。《辞海》的解释为："眩光是一种产生不舒适感，或降低观看主要目标的能力，或两者兼有的不良视觉环境。由视野中不适宜的亮度分布、悬殊的亮度差，或在空间中或时间上极端的对比引起。"概括地讲，"眩光"是指由于视野范围内存在过高的亮度或者强烈的对比导致使用者视觉不舒适的现象。眩光的干扰程度高低受到了多方面因素的影响，是一种较为复杂的现象。眩光的类型通常可以分为 3 种，即"失能眩光"（Disability glare）、"不舒适性眩光"（Discomfort glare）和"杂（散）光"（Veiling glare）。"失能眩光"是一种影响程度严重的眩光类型，可降低视觉功效和可见度，同时也伴有不舒适感。主要是由于视野内高亮度光源进入眼睛，使视网膜上的物像清晰度和对比度下降造成的。"不舒适眩光"较之失能眩光其影响程度较轻，只有不舒适的感受但不降低可见度，是日常工作、生活、运动中常会遇见的眩光类型。杂（散）光是由明亮的光源被某表面反射后形成的一类眩光。比如：光线照射到显示器屏幕上形成的光斑，令观察者看不清屏幕上原有的内容。上述 3 种眩光类型中，失能眩光、杂（散）光特征明显，对人员的影响较为显著，都在一定程度上降低了正常的视看功效，而不舒适性眩光则更加难于描述，因为它并未影响人员的作业，但由于不舒适性眩光较常出现，是视觉舒适度问题的重要影响因素，因此也是舒适度研究中重点的关注对象。

对于不舒适性眩光而言，眩光源的亮度、面积、出现位置（视野中的位置）、出现时间（一天中的时间）、持续时间均是其干扰程度的影响因素。

眩光源亮度。原则上讲，眩光源亮度越高造成的不舒适感受越强烈，但亮度超过多少可以被认作眩光源？目前在天然光环境下认定眩光源的方式主要有如下 3 种：

- 亮度固定值。即设定某一确定的亮度限值（如：2000cd/m² 或其他数值），视野范围内亮度超过该限值的部分则被认定为眩光源；该方法的不足在于未考虑视觉的亮度适应范围，只在少数场景下使用起来较合理。

- N 倍视野范围内亮度均值。即视野范围内亮度值超过该场景亮度均值的 N 倍（如：N=7）的部分则认定该部分区域为眩光源；该方法的不足是在明亮的环境中只有少部分区域被认定为眩光源。

- N 倍工作面亮度均值。即视野范围内亮度值超过工作面亮度均值的 N 倍（如：N=5）的部分则认定该部分区域为眩光源；该方法相对较为合理，但计算分析速度最慢。

图 2-6 对于以上 3 种认定眩光源的方式进行了简要描绘。图中白色框选区域为眩光源范围，从图中可以看出不同的眩光源认定方式所选择出的眩光源范围差异明显，这势必影响到眩光分析的结果。

某室内场景　　　　眩光源 >2000cd/m²　　　　眩光源 >7 倍场景亮度　　　　眩光源 >5 倍工作区亮度

图 2-6　3 种眩光源的认定方式的比较

有必要根据场景的实际情况进行选择。

　　眩光源位置。眩光源出现在视野的不同位置,其影响程度也存在着明显的差异。愈靠近视线的中心位置其影响愈强烈。这种位置关系对于视觉的影响程度经量化研究后,绘制出了古斯(Guth)位置系数图(见图2-7),由于古斯位置系数出现在眩光评价公式的分母位置,因此其数值越大代表着眩光影响程度越严重。

　　出现时间(一天中的时间)。人体节律效应的存在使得人对于光的感受在一天中呈动态特征。一般而言,早晨、下午对于眩光的感受较之中午时间更为敏感。目前可以定性的是,早晨人体对于眩光的耐受程度明显低于中午,下午时段对于眩光的耐受程度稍高于早晨。

図 2-7　古斯(Guth)位置系数图:视野范围内眩光出现位置及对应的影响程度(编号数字越小影响越大)

　　持续时间。天然光眩光与灯具产生的眩光存在诸多不同,其中之一在于天然光眩光是连续变化的。比如:在办公室办公时,如果某不舒适性眩光仅仅出现了一个很短的时间,那么其干扰程度通常较低,甚至没有干扰。眩光的感受并非一个瞬间的过程。诚然,对于强烈的眩光必须立刻进行遮阳等动作进行规避,但对于程度较轻的不舒适性眩光其持续时间则值得关注,这点对于自动遮阳控制、智能采光幕墙等方面的研究开展,具有一定的指导作用。

2.2.3　视觉舒适度评价

　　天然光环境下的视觉舒适度评价主要就是对不舒适眩光的评价,目前存在着多种不舒适眩光的评价方法或者指标。

　　早期,人们试图使用照度指标(水平照度)进行视觉舒适度的评价,但经过数十年的努力均未能取得比较好的进展。动态采光模拟普及后提出了年日照时数(ASE)等指标,该指标被IES标准采用作为判断房间视觉舒适程度的参考。同时也存在不少主观评价研究表明:工作面照度与视觉舒适度的相关性不强。因此,使用工作面照度作为判定依据的自动遮阳控制也无法取得较好的结果。

　　伴随着人们工作方式的转变,不少作业均需视看垂直面上的电脑屏幕,经研究发现视线方向上的垂直照度指标与天然光环境下的视觉舒适度相关性较好。因为,视线方向上的垂直照度与视野范围内的明亮程度直接相关,垂直照度增加意味着更多的光线入射眼睛,

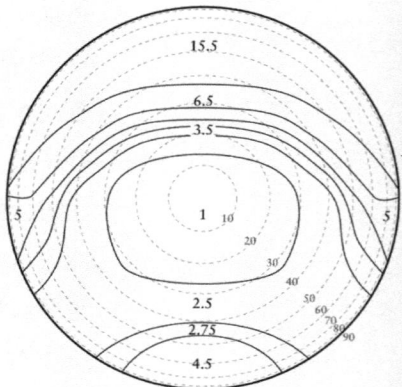

在这种程度上，垂直照度也就与亮度存在了较强的相关性。目前，不少研究认为视线方向上的垂直照度也是预测视觉舒适度的主要指标之一。

随着技术的发展，研究人员认识到基于亮度的眩光指标通常可以收到较好的表现，因此在不同的年代通过分析视野内的亮度分布提出了若干个不同的眩光指数。其中具有代表性的是 1972 年学者 Hopkinson 提出的天然眩光指数（DGI，Daylight Glare Index），时至今日 DGI 仍旧是影响力最为广泛、最广为接受的眩光指标，我国现行的采光国家标准中使用 DGI 作为评价天然光眩光的指标。DGI 于 20 世纪 70 年代提出，距今已有 50 年，DGI 的实质是反映视野范围内亮度的对比度。从 Hopkinson 提出 DGI 的最初研究实验可知：DGI 并非在天然光环境下开展实验得出的指标，而是在实验室条件下使用平板荧光灯光源模拟天然光眩光源开展主观评价研究进而建立起的指标。近十年，针对 DGI 的验证实验在全球多个国家都有开展。当前学界的主流观点为：DGI 指标与视觉舒适度主观评价实验的一致性较低，在诸多场景下不能良好地预测视觉舒适度。作者于 2016 年在广州开展的视觉舒适度主观评价研究也印证了该观点。

近些年通过图像（HDR 图像）测量场景内的亮度分布技术已经成熟，基于这项技术一些新的眩光指标被提出并得到了验证，其中 Wienold 和 Christoffersen 于 2006 提出的 DGP（Daylight Glare Probability）指标是被广泛接纳的一个。DGP 指标在考虑视野内亮度对比的同时也将视线方向上的垂直照度纳入考量，经过天然光研究领域研究学者的多次验证实验，普遍认为 DGP 指标的表现优于 DGI 指标，DGP 指标用于预测视觉舒适程度的灵敏性较高、不容易出错，且由于 Wienold 开发出了计算 DGP 的软件工具，这使得 DGP 数值的获取较为方便，进一步促进了 DGP 的广泛应用。DGP 的数学表达式较为复杂，通过软件进行计算分析耗时较长，为了解决在长周期上（如一年时间）开展动态视觉舒适度分析的需求，DGP 的简化版本 eDGPs（enhanced DGP simplified）和 DGPs（DGP simplified）也被提出。目前，在国际上 DGP 指标已经在评价天然光视觉舒适度方面已经得到了较好的应用。

此外，除了以上提到的指标，一些简单的亮度指标也被用来评价视觉舒适度。如窗亮度最大值（max L_{window}）、窗亮度平均值（mean L_{window}）、工作面亮度最大值（max L$_{workplane}$）、工作面亮度平均值（mean L$_{workplane}$）以及视野范围内亮度对比度（Luminous Ratios）等。窗亮度、桌面亮度此类指标与太阳是否出现在视野范围内，太阳直射光是否照在工作面上有关。这些简单的亮度指标与视觉不舒适程度均存在一定的相关性，可以用来预测视觉舒适度。由于眩光问题的复杂性，往往一种指标难于完全准确地预测眩光程度，因此有必要使用多种指标的组合。

评价视觉舒适度问题时，可将人的不舒适感受分为4档，即1- 未察觉（Imperceptible）; 2- 可察觉（Perceptible）; 3- 干扰（Disturbing）; 4- 无法忍受（Intolerable）。以目前最常使用到的视觉舒适度评价指标 DGP/DGI/Ev 为例，其标准值如表 2-1 中所示。

眩光指标限值　　　　　　　　　　　　　　　表 2-1

	DGP	DGI	Ev（lx）
未察觉（Imperceptible）	< 0.35	< 18	< 2700
可察觉（Perceptible）	0.35 ~ 0.40	18 ~ 24	2700 ~ 3500
干扰（Disturbing）	0.40 ~ 0.45	24 ~ 31	3500 ~ 4300
无法忍受（Intolerable）	> 0.45	> 31	> 4300

以上所述均为在某一瞬间时刻评价视觉舒适度的方法。天然光环境是一个连续变化的过程，某一房间在某一时刻存在强烈的眩光并不能等同于该房间的采光设计存在问题，眩光问题频繁地出现才能认定该房间需要进一步优化采光方案。如何全面地评价某房间的视觉舒适程度并进而指导其采光设计？这就需要在年周期上开展动态视觉舒适度评价，这也是评价建筑视觉舒适程度的最科学的途径。此外，房间内的眩光程度与观察者位置、视看方向有关，在进行视觉舒适度评价时如何选择位置与视看方向？这些都涉及到眩光在空间维度上的动态评价问题。目前常见的方法是选择主要位置上的重要视角，但这也只是一个灵活性极强的规定，相关研究有待开展。

2.3　天然光与健康

人沐浴在天然光下对于自身的生理、心理健康都有好处，一系列生理机能都有赖于天然光的参与来保持最佳活力。人的视力、皮肤、各个器官的生理机能都是长期在天然光环境下进化形成的，对于天然光环境的适应能力也是最佳的。天然光为连续的全光谱辐射，除可见光外，其中包含的紫外线成分也是人体健康所离不开的，天然光中的红外成分所带来的热效应也营造出了有温度的光环境。这些性能并非人工光源能够完全模拟。日光对于身体内维生素 D 的合成不可缺少，骨质酥松、佝偻病、心脏病、多种器官硬化甚至癌症都跟此有关，天然光和糖尿病防治也有关系，良好的采光与室外景观也可令人心情愉悦。举一个极端的例子，潜艇水兵每次下潜执行任务，在艇内大概 2 ~ 3 天就开始无法分清昼夜，生理节律被扰乱，数月后回到陆地其视力、身体素质均会有不同程度的下降。

2.3.1 生理节律

人们发现光环境对人的生理和心理影响显著。光主要通过神经系统影响人的生理功能，例如生理节律、免疫力等。生理节律，也称为生理时钟，是人体一天之内的各种生理参数的生理循环，体温、激素水平、睡眠认知表现等都遵循着这种规律性的波动。保持必要的生理节律是维系生命健康的重要环节。图 2-8 中所示为人在一天中的部分生理节律特征，这些生理机能在一天中不同时刻交替出现，确保着生命体的健康、规律运行，而光环境在一天中的变化在其中发挥着至关重要的作用。

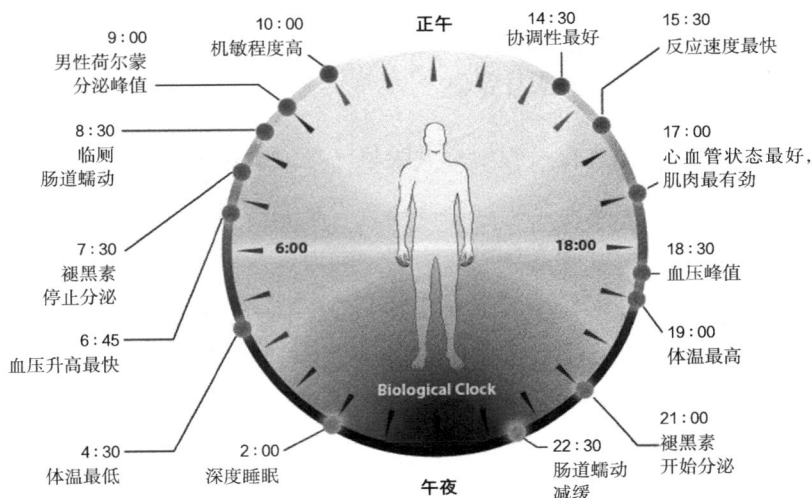

图 2-8 人体在一天中的生理节律

前文中提到的视网膜上第三种感光细胞——"神经节细胞（ipRGCs）"，虽然不参与形成视觉，但对于调节人体节律发挥着作用，可称之为"非视觉效应"。非视觉感光系统中一条重要的通道是将光信号传递到松果体，松果体根据光信号的不同来控制褪黑素的分泌，调节人体生理节律。正常情况下松果体分泌的褪黑素量呈昼夜周期性变化，其在血液中的浓度白天降低，晚上升高，但光照刺激会抑制褪黑素的分泌量。比如，清晨一定量的光线可以促使松果体停止分泌褪黑素，有利于唤醒人体。在夜晚，褪黑素持续分泌进入血液循环令人们感觉困意，抑制内分泌系统以释放压力，减弱其他可能影响睡眠的功能。但如果直接说日复一日的生理节律循环的开启与关闭完全由天然光决定也显得过于简单。实验发现即便没有天然光的刺激，人体的生理节律循环依旧进行，但会在24小时中大约变慢1.1小时左右。也就是说，天然光的作用是维系人体生理节律，以使之与一天24小时的昼夜交替相互吻合。由此机理可知，光环境对于调节人体节律保持身体健康方面的作用。

如果入射视网膜上的天然光强度长期过低，其不利影响也是深远的。譬如某些人群长期在无采光的空间内工作，松果体分泌褪黑素的节奏就会逐渐放缓，久而久之就会令正常的生理节奏紊乱，出现生理机能失调。规律的生理节律对于人体的健康极为重要，直接与人体寿命相关，而天然光自身的变化规律很自然地迎合了人体节律，除了天然光因素外，长期熬夜、起床困难等违反正常生理节律的习惯，对于健康的危害都是长期的。

2.3.2　天然光与视力保健

在人类长期进化过程中，人眼早已形成了许多适应天然光的机制，再完美的人工光源也没办法代替天然光。采用天然光进行室内照明，更有利于健康光环境的构造。国内外研究发现，在相同照度水平的情况下，人们在天然光环境下的视觉功效比在人工照明条件下的高5%～20%；人眼出现近视等症状与眼睛疲劳有关，目前已经证明人眼在天然光光谱下进行视看较之于在人工照明光源下不易疲劳。已有研究证实：爱好在户外活动、在露天环境呆的时间较长的儿童不易出现近视情况；较高光照度也有助于阻止近视的进一步发展。基于以上认识，可以说明长时间处在充足的天然光环境中，

图 2-9　某采光良好的教室

有利于儿童群体降低近视的发病率。20 世纪 30 年代，就有学者认识到了天然光对于预防近视的作用，这一观点直到 20 世纪 80 年代得到了广泛的认同。

　　因此，在教学楼设计时尤其有必要注重营造充足、良好的天然光环境。如图 2-9 中所示的采光良好的教室，对于视力发育期的孩童的视力保健有积极作用，良好的采光也使得人心情状态较佳。但教室的采光设计在我国一直未得到足够的重视，大量的中小学教室即便在室外照度充足的情况下仍旧使用荧光灯照明，加上较重的课业负担，使得我国学龄儿童的近视率全球最高。诚然，不少教室由于诸多限制是无法完全使用天然光照明的，但总体的原则应该是尽可能地营造充足、良好的天然光环境，而对于照度无法达到的情形使用人工照明进行补充。

2.3.3　紫外线的作用

　　天然光中含有一定数量的紫外线，紫外线对于人体最大益处在于其可促使维生素 D 的产生。日光照射是机体维生素 D 的主要来源，人体内所需的维生素 D 超过 90% 来源于经日光照射皮肤后生成。合理的太阳光紫外线照射是预防维生素 D 缺乏及佝偻病的有效手段。维生素 D 除了影响钙磷代谢外，它还能影响免疫、神经、生殖、内分泌、上皮及毛发生长等。也有研究表明，维生素 D 和高血压、动脉粥样硬化、结肠癌、前列腺癌、乳腺及卵巢疾病、I 型糖尿病等疾病的发生、发展有着一定的相关性。紫外线中 UVB 照射可以促进皮肤中的 7-脱氢胆固醇转换为胆骨化醇，即内源性维生素 D3；植物中的麦角胆固醇不能被人体吸收，需经紫外线照射转变成麦角骨化醇，即维生素 D2，才能被人体吸收。当然过量的紫外线（主要是在室外环境中长期活动）对人体有害，但对于室内光环境而言，其紫外线含量根据窗玻璃类型的不同及其他限制条件不同，已经有了大幅度的下降。

基础知识 ｜第三章

本章主要介绍三方面内容：1. 天空光与太阳光各自的特点。天然光由天空漫射光与太阳直射光组成，其各自的特点不尽相同，在进行建筑采光设计或分析时需加以区分。2. 材料的光学性能。不同的材料均有其各自的光学性能，掌握它们的光学特征对于在建筑采光设计时正确使用材料、在建筑采光模拟时取得准确度高的结果等具有重要作用。3. 建筑光学范畴内的基础测量，与物理光学测试测量所要求的程度不同，建筑光环境测量方法有其自身的适用性。对于光通量、发光强度、照度、亮度的定义等不在此做介绍。

3.1 天空与太阳

3.1.1 光气候

天然光最显著的特征在于其连续地变化。太阳在天空中的位置

图3-1　太阳光穿过大气层照射地球

连续发生变化，还有气候（主要是云量）的变化与大气透明度（清洁、沙尘、雾霾）等，其中某些变量是有明确的规律可循的：地球绕着太阳轨道公转，绕着地轴自转，由此产生了季节与昼夜。不同季节之间的天然光情况不同，一天24小时内日夜更替。某一地区、某一时刻，太阳在天空中的位置可以准确地计算出来。有些变量只有部分规律可循，如在万里无云的晴空下，天空的亮度分布较易分析，天空中有云时天然光环境的不确定性则很强，地面照度甚至可认为呈随机变化特征。因此，在空中有云时，天然光照度只能通过统计学的办法加以定量描述。

太阳发出的光线穿过大气层照射地球（图3-1），光线在穿越大气层时与其中的气体分子、冰晶、水滴以及污染物颗粒作用被散射开来，由此形成了我们所看到的明亮的天空。由于大气层的作用，将太阳发出的光线分为了两个部分：太阳光（太阳光穿透大气层后的剩余部分）以及天空光，这也是采光领域的一个基础概念。天然光（daylight）由两部分组成，它们分别是太阳光（sunlight）和天空光（skylight）。

从建筑设计的角度而言，太阳光与天空光的特点有着明显的区分。太阳光属于直射光，由近乎平行的射线组成，朝向一个方向照射，其亮度高，有明确的方向性，通常可称为"太阳直射光"；而天空光是由大气层散射后形成的，因此是一种散射光或称为漫射光，它来自天穹中各个方向，可以称作"天空散射光"。图3-2中所示，直射光与散射光的照明效果不同。直射光由于方向性强可以令物体产生强烈的阴影，而漫射光由于不具有固定的方向，因此照明效果均匀，只能造成边缘柔和的阴影甚至无阴影。至此，可以引出一个

直射光照效果

散射光照效果

图3-2　散射光与直射光光照效果

概念——"光气候"。

光气候（daylight climate）的定义为：由太阳直射光、天空漫射光和地面反射光形成的天然光状况。本质上，光气候主要是由太阳直射光的可利用程度定义的。假设某建筑可以长期地接收到来自太阳的直射光，建筑的形式、朝向、场地的规划都有必要设计成有利于光线经反射进而照明建筑室内空间，以达到同时营造舒适的热环境与光环境的目的。而对于多云的气候条件，无论温度是否适宜或是温热潮湿的地区，开窗面积都必须相对较大并且尽可能直接面向天空。由此可知，偏晴朗的光气候与偏多云的光气候区的采光策略不应是相同的。寒冷地区冬季太阳直射光入射室内通常是受人欢迎的，因为阳光可以给室内带来温暖；而对于气候适宜或温热地区而言，太阳直射光线常常需要遮蔽以避免室内过热以及有可能造成的视觉不舒适；如果某地区的光气候主导特征因季节而变化（如春季多云、夏秋冬季以晴朗为主），其建筑也应该以某种方式（动态方式）适应这种季节变化。

3.1.2 太阳光与天空光

太阳发出的光线在穿越大气层时一部分被散射，无论空中有没有云，都会不同程度地消减其直射光部分。太阳高度角越低，则太阳光穿过大气层的距离越长，太阳直射光部分被消减的越多。图3-3所示为不同太阳高度角下的某正对太阳的表面上的照度。由此可知，太阳光照度随着太阳高度角增加而变大，其中从0度角到40度角左右这一区间变化速度快。此外，大气透明度也影响着太阳光照度，因为太阳光主要是受到大气中的水滴、气体分子的作用而发生散射，散射的程度由大气浊度决定。大气污染愈严重，浊度愈高，此种情况下太阳光照度变化趋缓，但平均照度显著降低。

天空的亮度完全是由于大气层的散射作用产生的，天空光就是天空散射的光线在地面上形成的照度，其数值受到天气的影响。晴天天空较为稳定，其亮度分布有明确的特征。晴天空中太阳附近的区域最亮，太阳正对的区域由于距离太阳最远因而最暗，水平面附近天空会稍亮些。当大气十分干净且干燥时，天空呈现深蓝色；当雾霾等空气污染时，天空看起来则呈现灰白色。多云天的情况则要复杂得多，稀疏的由冰粒构成的高空云朵，其亮度甚至高于被其遮

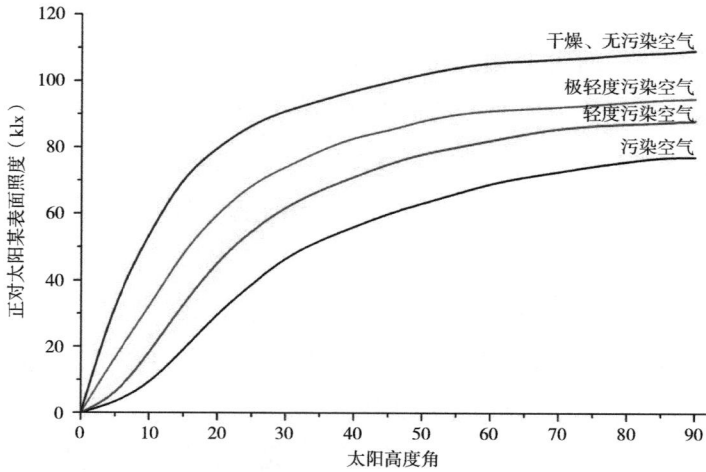

图 3-3　不同太阳高度角下正对太阳某表面照度

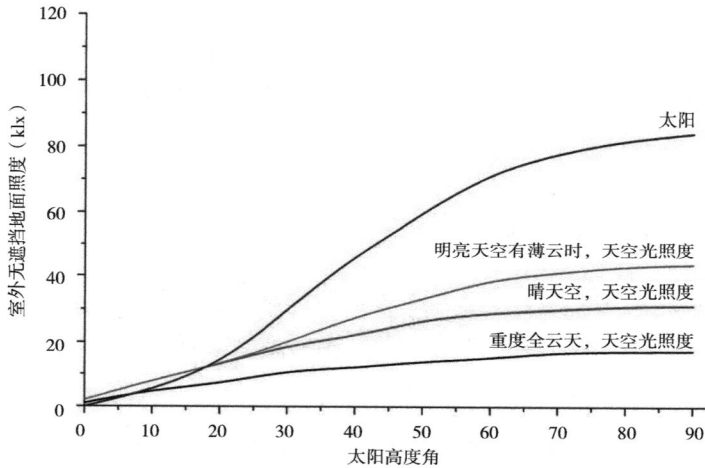

图 3-4　不同太阳高度角下无遮挡地面照度

盖的天空。大块白色团状积云（高度通常较低 < 2000m），当阳光照射在其上时，它的亮度通常可高于其所在位置上的天空亮度，但多云天天况极不稳定，云随风动、变化莫测。地面照度最低的情况出现在天空由多个厚云层遮盖，此时已无法看到日面（solar disk）。图 3-4 所示为轻度空气污染情况下，不同太阳高度角所对应的室外无遮挡地面的太阳直射光与天空散射光照度情况。在不同的天况下，地面照度根据天况不同而差异明显。总体上，天空光照度随着太阳高度角升高其变化程度较小（相对于太阳直射光照度），因此可以认为天空光照度在日间相对较为稳定。广州市某晴天的实测太阳辐射数据也很好地说明了此类特征。

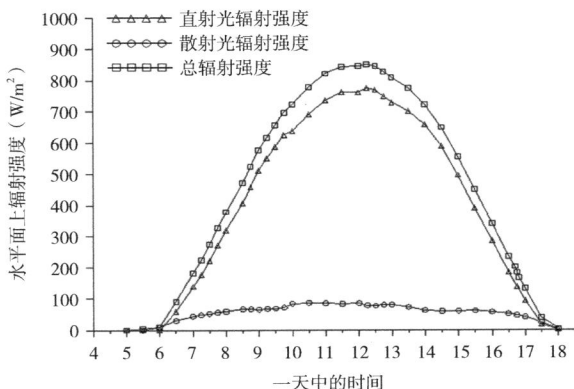

图 3-5 广州市某晴天太阳直射辐射与天空散射辐射情况

图 3-5 所示为广州市某晴天时实测得到的太阳直射光与天空散射光辐射强度（与照度相关）在一天中的变化曲线。由此图可知：太阳直射光随太阳高度角增加而增加，即在日出后出现，随着时间增加快速变大至中午达到一天中的峰值，然后衰减，日落后消失；而天空散射光在太阳高度角较小时变化快，到太阳高度角较大时变化小，即日出以后从无到有，然后在一天中波动较小，至将日落时逐渐变少，日落后渐渐消失。总体而言，在一天中较为稳定，但其平均幅值显著低于直射光。由于太阳光与天空光的特性，使得以均匀、稳定为目标的建筑采光设计，应当主要考虑充分利用天空散射光，而对于幅值大、变化强烈的太阳直射光则应根据当地的光气候不同，进行相应的处理。以上这些要领是采光设计的基本原则。

3.1.3 太阳轨迹

太阳在天空中的轨迹是由地球的公转与自转决定的。图 3-6 所示：为地球在其公转轨道运动。由于地轴与公转轨道面（黄道平面）并非垂直，地轴与黄道平面法线方向的夹角为 23.45 度，即黄道平面与赤道平面的夹角为 23.45 度，这使得 3 月 21 日前后（春分）太阳直射赤道，这时处于北半球的春季；6 月 22 日前后（夏至）太阳直射北回归线，这时处于北半球的夏季，北极圈内出现极昼现象；9 月 23 日前后（秋分）太阳再次直射赤道，北半球处于秋季；12 月 22 日前后（冬至）太阳直射南回归线，北半球处于冬季，南极圈内出现极昼现象。图 3-7 所示：由于地球的自转，对于地面上某观察者而言，太阳在一天中从东方升起，由西边落到地平面以下，一年

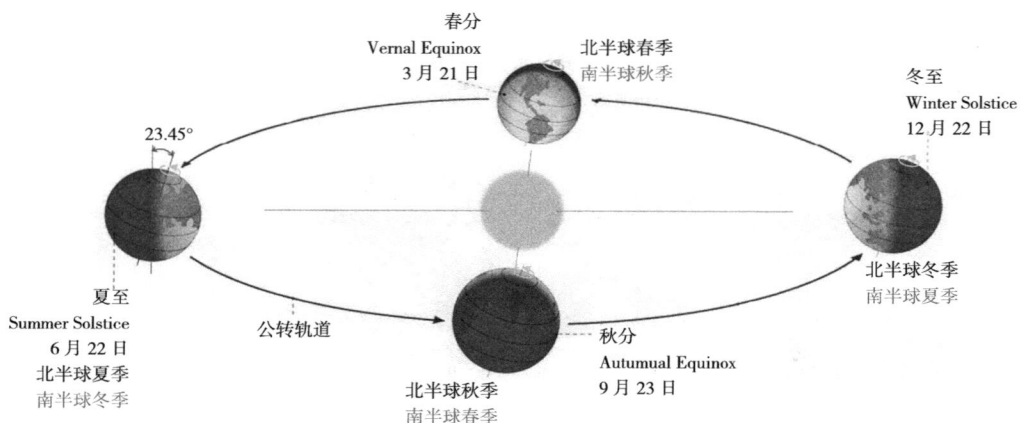

图 3-6　地球公转轨道

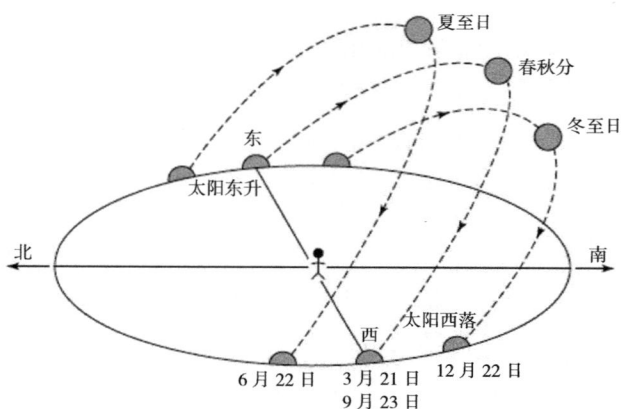

图 3-7　太阳在空中轨迹（北半球某地点）

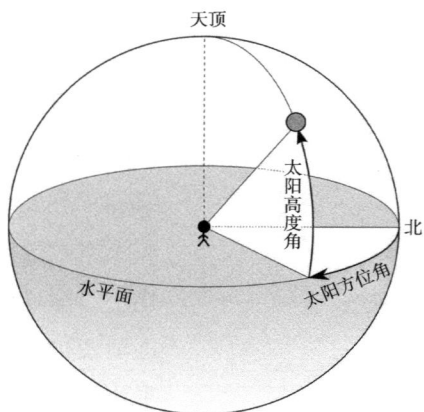

图 3-8　太阳高度角与方位角

中的不同时间，太阳在空中的轨迹不同。太阳在天空中的位置可由两个角度加以描述，即"太阳高度角"与"太阳方位角"。对于地球上的某个地点，太阳高度角是指太阳光的入射方向和地平面之间的夹角；太阳方位角是以观察者的北方向为起始方向，以太阳直射光在地面的投影终止方向，按顺时针方向所测量的角度（图 3-8）。以北半球某地为例，一年中冬至日时的太阳高度角最低，夏至日的太阳高度角最高，其余时间太阳轨迹处于其间。表 3-1 中列出了我国 4 个主要城市在 4 个节气正午时的太阳高度角。太阳轨迹对于建筑采光与遮阳分析都十分重要，这是不同地区建筑的地域性差异的主要产生因素之一。图 3-9 所示为广州地区某建筑南向立面的遮阳分析图。太阳方位对于指导遮阳装置的形式、安设位置、尺寸等起着决定因素，而遮阳设计对于建筑采光也有着直接影响。

我国4个城市太阳高度角　　　　　　　　　　　　　　　　　　表3-1

	坐标	正午太阳高度角（°）		
		夏至日	春秋分	冬至日
北京（天安门）	39.5° N，116.2° E	73.9	50.7	27.1
上海（东方明珠电视塔）	31.2° N，121.5° E	82.2	59.0	35.4
广州（华南理工大学亚热带建筑国家实验室）	23.2° N，113.3° E	89.8	67.0	43.4
西安（钟楼）	34.3° N，108.9° E	79.1	55.9	32.2

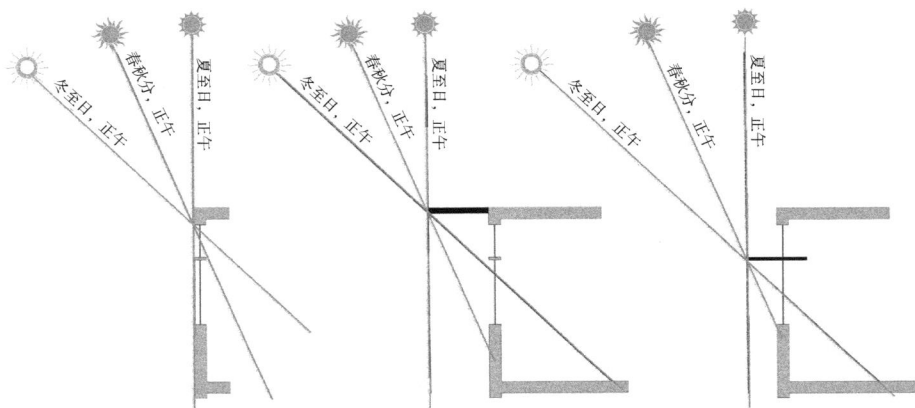

图3-9　广州地区某南向侧窗固定遮阳分析

太阳路径图也是目前广泛使用的用于分析年周期上太阳轨迹的图表。图3-10所示为广州市的太阳路径图。图的中心为天顶，上方为正北方，图中轨迹范围表示为一年中太阳出现的范围区间，每日太阳东升西落（图中从右至左），根据日期不同遵循不同的轨迹。图中"8"字型曲线代表一年中太阳在每日整点时刻出现在天空中的位置。

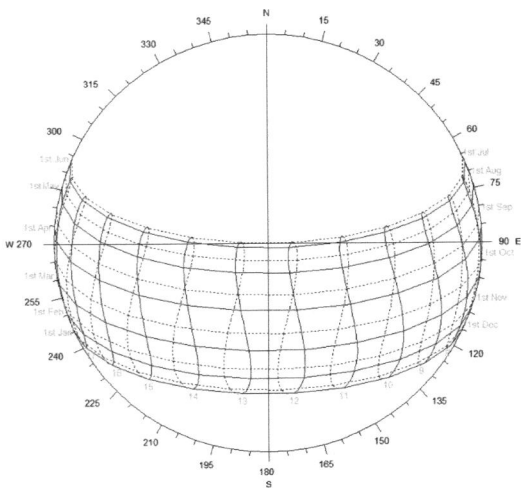

图3-10　广州市太阳路径图

以广州地区某东朝向办公室为例。如图 3-11 所示：从该办公室所在建筑立面正下方位置，朝向天顶方向，使用安装鱼眼镜头的相机拍摄全景照片，并将广州市的太阳路径图叠加在该照片上，制成分析图。此图可以较为清晰、易懂地得知年周期上太阳直射该建筑立面内侧房间的情况，并分析太阳被周围环境遮挡的情况。从此图表可知，该楼东向房间大约每天 12：30 过后便不再会有阳光直射，且由于东向无明显遮挡物，因此太阳直射该房间的时段约为每日 8：00 ~ 12：30 之间。图 3-12 是广州市某教学楼北向立面分析图。从图中可以清楚的看到，广州地区一年中太阳仅在少数时间出现在北向天空中，即广州的建筑北立面一年中仅在较少的时间段能够出现太阳直射的情况，且主要出现在早晨 9 点前与下午 4 点后，因此广州地区建筑的北向立面并不需要重点考虑遮阳问题。如该图中的建筑，于北向侧窗安装密实的水平遮阳构件，这并非科学合理的做法，避免此类现象的再次出现也是本书写作的初衷。对于北向侧窗采光而言，在满足热工性能的前提下，尽可能多地争取天空光入射是首要考虑的。

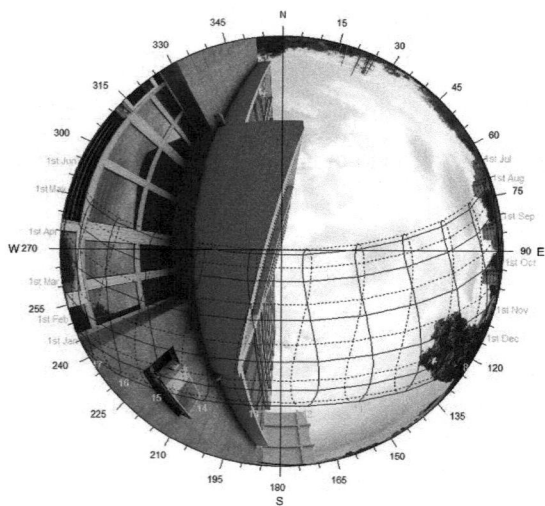

图 3-11　太阳路径图叠加在某实验楼东立面上用于采光分析

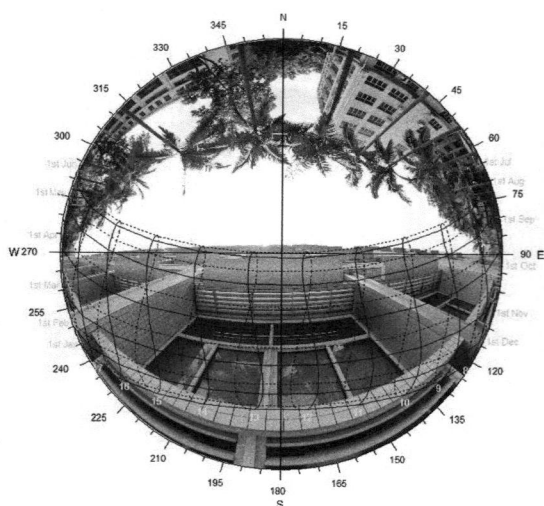

图 3-12　太阳路径图叠加在某教学楼北立面上用于采光分析

3.2 材料的光学特征

材料的光学性能实际上是一个十分复杂的问题。如果使用物理光学的方法去描述一个材料的光学性能，这对于建筑采光领域的应用是过于复杂而显得没有必要。建筑采光领域对于材料的光学特性应该关注的是如下几点：

1. 天空光环境下，入射光可以被认为是由半球面发出的漫射光，在此情况下的材料表面的反射率与透射率；

2. 当入射光是直射光（由太阳或远距离的点光源发出），材料表面的反射率与透射率（与入射角度有关）；

3. 对于镜面或透明材料等，定向反射率或透射率；

4. 反射光或透射光的分布形状，即反射光或透射光的光强分布情况。这决定着材料表面是哑光、有光泽、定向反/透射或是综合以上多种特性；

5. 光线经材料反射或透射后颜色改变情况。

以上内容中前 4 条是采光模拟中材料数字化建模时所需要的重要参数；第 5 条则可以通过测量光线经反射或透射后的色温变化情况而确定。

在处理建筑光学中的材料光学性能问题时，尤其要考虑在天空漫射光（阴天）情况下分析建筑采光的表现，或是分析室内各表面在室内照明（光源不都来自一个方向）条件下的反射情况，这常常需要关注材料在漫射光下的反射或透射情况。由于漫射光被认作是由半球形（hemisphere）表面均匀发出，这种情况下的反射/透射率可以记做 hemispherical/hemispherical 反射率或透射率，标记为 ρ_{hh} 和 τ_{hh}（图 3-13 中所示）。通常情况下，hemispherical 反射/透射率较之直射光情况下测得的同材料反射/透射率偏低。对于各种类型的窗玻璃（透明/镀膜/磨砂等）其在漫射光（阴天）入射时的透光率应为 ρ_{hh}；房间室内各表面在漫射光（如室内分散布置的点光源发出的灯光以及从不同方向入射的天然光）下的反射率应为 τ_{hh}。表 3-2 列出了部分建筑内常见材料的漫反射/透射率。

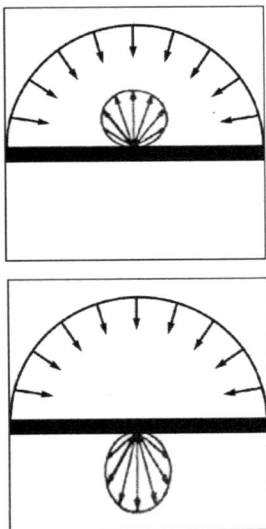

图 3-13 材料在半球形光源所发出的漫射光下的反射与透射情况

建筑内常见材料反射 / 透射率　　　表 3-2

表面分类	材料名称	反射 / 透射率	说明
屋顶	白色粉刷（清洁）	$\rho=0.75$	
	白色粉刷（微灰尘）	$\rho=0.55-0.75$	
	白色石膏吊顶	$\rho=0.91$	
	白色乳胶漆	$\rho=0.84$	
墙面	水泥砂浆抹面	$\rho=0.32$	灰色
	红砖墙	$\rho=0.33$	砖红色
	灰砖墙	$\rho=0.23$	灰色
	白色釉面瓷砖	$\rho=0.80$	
	黄白色塑料墙纸	$\rho=0.72$	
	浅色织品	$\rho=0.30-0.50$	
	浅黄色木纹饰面	$\rho=0.36$	
地面	混凝土地面	$\rho=0.20$	浅灰色
	沥青地面	$\rho=0.10$	
	中黄色木地板	$\rho=0.30$	
	深棕色木地板	$\rho=0.12$	
	红色大理石地板	$\rho=0.32$	
家具	白色及米色油漆	$\rho=0.70$	
	中黄色油漆	$\rho=0.57$	
	深咖啡色油漆	$\rho=0.20$	
窗玻璃	单层白玻璃 6mm	$\tau=0.89$	
	单层 Low-e 玻璃 6mm	$\tau=0.84$	
	中空白玻璃	$\tau=0.76$	
	双银 Low-e 中空玻璃	$\tau=0.40$	
	单面磨砂玻璃	$\tau=0.30$	
	镀银膜玻璃	$\tau=0.26$	
	透明亚克力 3mm	$\tau=0.96$	
	透明亚克力 6mm	$\tau=0.92$	
	透明聚碳酸酯（PC）	$\tau=0.83$	
	乳白色亚克力	$\tau=0.17$	
其他	镜面银	$\rho=0.95$	
	不锈钢	$\rho=0.55-0.65$	
	抛光铝板	$\rho=0.60-0.70$	

当入射光为直射光时，由太阳或距离较远处的点光源发出的光线，根据材料的不同，其反 / 透射情况不同。当反射光为直射光时，该材料类似镜面；当反射光为完全漫反射光时，该材料为漫反射材料。实际上，建筑内完全的漫反射材料较少。但当房间的光线经过多次反

射时，材料表面可以近似地认作是漫反射材料。因此，当计算采光系数（采光系数的定义在第四章中介绍）时可将大多数室内表面材料认定为漫反射／漫透射材料，即图 3-13 中说明的情况。漫射光条件下的材料光学性能较为简单，在计算采光系数时可以较为便捷地通过现场测量得到相关参数，相关测试方法在后面章节中介绍。

图 3-14 中所示为镜面、漫反射材料，以及介于其间的具有不同光泽程度的材料。材料表面的光泽程度决定了材料的光学特性，抛光的金属表面具有和镜面相同的反射特性。光泽度越低，材料表面越不能清晰地成像，其表面定向反射特性就越不突显，反射光线也越发散。此外，不少建筑内部常用的材料具有复合的光学性能，如镶了镜框的字画、釉面的瓷砖、刷清漆的地板等，入射光线在其表层进行定向反射，剩余部分在底层进行扩散反射。真实材料的光学反射／透射性能多种多样，因此存在着多种分类方法。材料的数字化表达对于计算机采光模拟十分重要，材料光学特性的数字化进一步简化了光学特性分类。以反射为例，将常见材料的光学性能按照其光泽程度的不同分为 3 类：定向反射、漫反射、定向反射＋漫反射，这种简化后的分类方法有利于在光线模拟程序（如：Radiance）中建立材料的数字化规则，其旨在全面地介绍材料的反射／透射性能。本书将材料的光学性能划分为 6 类。

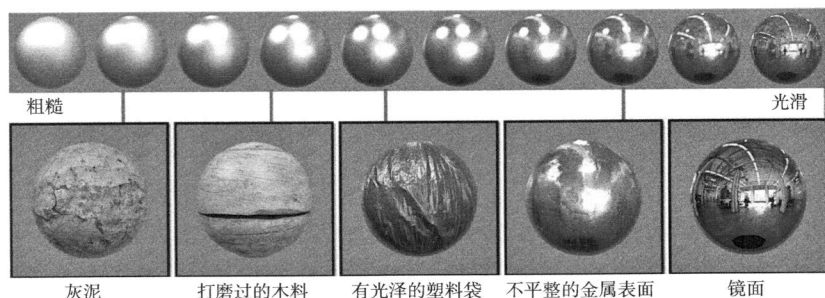

图 3-14　部分建筑内常出现的真实材料

如图 3-15 所示，将材料根据反射／透射光线的发散程度分为："定向反射／透射"；"漫反射／透射"；"宽扩散反射／透射"；"窄扩散反射／透射"；具有复合光学性能的"漫＋定向反射／透射"以及针对棱镜类等具有复杂光学特性的"棱镜反射／透射"六大类型。其中，反射／透射光线的扩散角（δ）的定位为：扩散光线的发光强度分

反射		透射
	定向反射 I 定向透射 SPECULAR 扩散角度 =0	
	漫反射 I 漫透射 DIFFUSE 45° < 扩散角度 < 60°	
	（宽）扩散反射 I（宽）扩散透射 SCATTER WIDE 15° < 扩散角度 < 45°	
	（窄）扩散反射 I（窄）扩散透射 SCATTER NARROW 0 < 扩散角度 < 15°	
	漫 + 定向反射 I 漫 + 定向透射 DIFFUSE + SPECULAR	
	棱镜反射 I 棱镜透射 PRISMATIC	

图 3-15 反射投透射分类，其中扩散角度为扩散光光强一半处的夹角

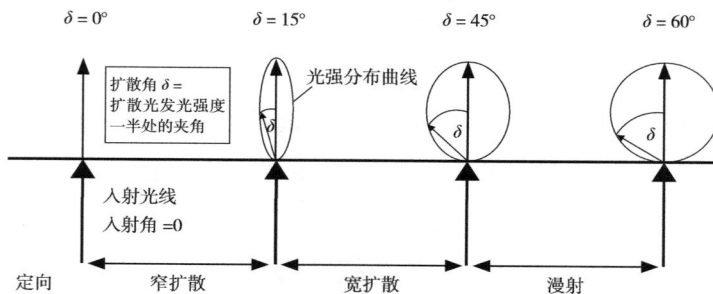

图 3-16 根据扩散角度（δ）定义不同的材料光学特性

布曲线中光强一半处与扩散光线中心轴之间的夹角（图 3-16）。当 $\delta=0$ 时，可以认为材料为定向反射 / 透射，或称之为规则反射 / 透射；当 $0°<\delta<15°$ 时，将之归入窄扩散反射 / 透射；$15°<\delta<45°$ 时，将之归入宽扩散反射 / 透射；$45°<\delta<60°$ 时，将之归入漫反射 / 透射。

下面以不透光材料的反射特性为例：

镜面材料（如镜子、抛光金属板等）的反射特性为：入射光线为直射光，反射光线也为直射光（$\delta=0$），入射光线与反射光线分列材料法线方向两侧，且入射角等于反射角，这种反射称之为定向反射（亦可称作：镜面反射 / 规则反射）。镜面材料的反射率与入射光线的入射角（i）相关，除却某些特殊的镜面材料，如带有选择性镀膜或涂层的镜面材料或对于某些入射角度具有特别反射率的镜面材料，其反射率通常为：$\rho=\rho_0(\cos i)^{0.5}$，其中 i 是入射角，ρ_0 为光线垂直入射（$i=0$）时的反射率。

漫反射表面（如哑光涂料、粉刷墙面、无光泽的纸等）的反射特性为：无论入射光线的入射角为何，反射光线扩散，且 $45°<\delta<60°$，反射光线发光强度的最大值出现在材料表面法线方向上，这种材料可认定为漫反射材料。漫反射材料表面的反射率可以直接由其漫反射率描述，即反射光线的光通量（Φr）与入射光线的光通量（Φi）的比值。

介于以上两种情况之间，材料表面的粗糙程度不同则具有不同的反射特性。粗糙程度越高的材料其反射光线的发散角越宽，即 δ 值越大；反之，表面光滑的材料其反射光线发散角 δ 值越小。根据反射光线发散角 δ 值的不同，本书将材料分为宽扩散反射材料（$15°<\delta<45°$）和窄扩散反射材料（$0°<\delta<15°$），此类材料的反射光线发光强度最大值通常出现在与入射光线对称的方向上。

室内表面还有大量具有复合光学特性的材料，这对于高光泽表面或某些覆盖着一层高光泽材料或涂层的材料而言，比如刷涂清漆的表面或覆盖着玻璃板的画等，一部分入射光线在表层发生定向反射，剩余的入射光线在底层发生漫反射。这类材料其光学性能也呈现出定向反射与漫反射相叠加的特性。如图 3-17 中所示的涂有清漆的木地板，明亮的窗口在地板表面成像，类似的材料还有釉面瓷砖、打蜡的木地板、镶了镜框的字画等。材料的颜色越深其漫反射率越低，材料的颜色越浅其漫反射率越高，但定向反射率的高低决定于此类材料表面的粗糙程度，并不受其材料颜色影响。

图 3-17 刷涂清漆的木地板

除以上所述材料类型，还存在一些材料具有复杂的光学特性。比如某些材料可令一束入射光线在其表面发生随机的反射或透射，即反射光线或透射光线的方向呈现随机特性。此类材料有瓦楞板、波纹板、不规则反射材料、皱纹金属板、棱镜材料等，利用其特殊的光学特性，此类材料多用于散光等场合。图 3-18 为棱镜散光片，可用于发散集中的直射光，在保证透光率的前提下呈现出扩散光效果。

图 3-18　棱镜散光片

掌握材料的光学特性对于分析建筑采光，尤其是在计算机中建模开展建筑采光模拟具有十分重要的作用。目前，采光的计算机模拟的误差来源之一，正是如何准确地数字化描述材料真实的光学性能。有兴趣的读者可以进一步研究 Radiance 程序中对于材料的定义方式。

3.3　光环境测量

光环境的测量多种多样，本章节中仅选择建筑采光领域中最为常用的测量手段进行介绍。首先，介绍一些基本的使用仪器进行照度、亮度测量的方法；其次，由于 HDR 图像用于亮度分析的技术已经十分成熟且被广泛用于光环境工程测量与学术研究，按照科学的方法经过严格校正后的 HDR 图像，其测试准确度可达 97% 以上；最后，介绍材料反射率/透射率的现场测量方法。有关采光系数的测量方法则放在本书第四章中介绍。

3.3.1　基本测量

测量亮度和照度是最基本的光环境测量项目，其中某一点的亮度可以直接使用瞄点式亮度计直接读数，瞄点式亮度计根据具体型号不同有不同的张角，但通常在 1° 以内，有些型号的瞄点式亮度计有可调张角功能。张角越小实际测量的点面积越小，可以根据测量作业的不同需求，如目标点与亮度计的距离，预期的测量范围而进行选择。图 3-19 为某实验员使用手持式瞄点亮度计测试某一点的亮度，实验员需通过亮度计目镜对准测量点后按动扳机进行读数。某些功能更为全面的亮度计还可以同时测量某一点的色坐标等参量，称之为"彩色亮度计"。

测量某一点或某一方向上的照度可直接使用照度计进行读数，

图 3-19　使用瞄点式亮度计测量某一点的
亮度

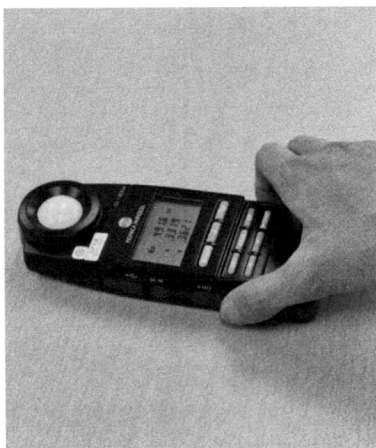

图 3-20　使用照度计测量桌面上一点的
照度

如图 3-20 所示为使用照度计测量桌面上某一点的照度值，将照度计探头部分放置在桌面上相应位置，则可直接读取该位置上的平面照度值。某些功能更为全面的照度计还可以同时测量所接受光线的色坐标，更高端的具有光谱测试功能的分光辐射照度计还可以测量所接受光线的谱线、显色性指数、相关色温、色坐标等功能。

以上测量均针对某一目标点进行测量，在建筑采光研究中很多时候需要获知某一个面的亮度分布情况。如何测量面域内的亮度分布？使用瞄点式亮度计对某一表面上若干个点先后进行测量后绘制亮度分布图，该方法对于亮度稳定且对于测量分辨率要求不高的场合适用，但天然光环境通常连续变化，其较低的分辨率不能详尽地表达亮度分布的实际情况。因此，成像法测量某场景内的亮度分布被提出，目前已经有成像亮度计等仪器，但此类仪器价格昂贵，并非所有对于亮度分布测量有需求的人都可以负担的，因此使用数码相机制作 HDR 图像并用于场景内亮度分布测量的技术被提出，目前该技术已经十分成熟，可以应用于对于亮度测量准确度要求高的场合。图 3-21 中所示某室内场景图像，左图为使用瞄点式亮度计测量的若干个点的亮度，右图为经校准后的 HDR 图像生成的亮度分布伪色图。从两个图像的对比可知，使用经过校准后的 HDR 图像进行亮度测试准确程度可以得到保证。值得一提的是，由于常规显示器所能够显示的亮度等级有限，通常不能完全显示 HDR 图像中包含的全部亮度等级，而显示器的颜色显示较为丰富，因此为了

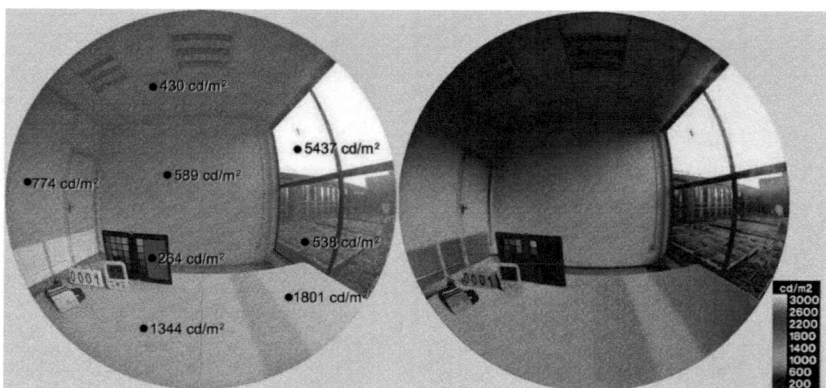

图3-21　使用瞄点式亮度计测量某场景内亮度值（上左图）与使用 HDR 图像法测量的同场景内亮度分布（上右图）

直观地展示 HDR 图像中所包含的亮度分布信息，通常使用不同颜色代表高低不同的亮度值，因此常常使用伪色图表示亮度分布情况。

3.3.2　HDR 图像测量亮度分布

HDR（High Dynamic Range）图像译作高动态范围图像。所谓动态范围是照片中记录的最亮值与最暗值的相对比值，动态范围代表了照片所能记录的从"最亮"到"最暗"之间亮度等级数，等级数越多则照片可记录更为丰富的亮度层次。与 HDR 图像相对的是 LDR（Low Dynamic Range）图像，即低动态范围图像，目前使用常规数码相机拍摄的图像均属于 LDR 图像范畴，能够记录的亮度范围有限。而真实场景中，尤其是出现太阳光的场景中，最亮处与最暗处的比值可达到 100000000：1，远远超出了 LDR 图像所能够记录的亮度范围。如图 3-22 中所示，将数码相机固定在三脚架上连续拍摄多张不同曝光程度的照片可以合成一张 HDR 图像，但此时生成的 HDR 图像还需要进行校准以保证测试数据的准确程度。首先，需要通过亮度或照度进行整体图像的线性校正（linear correction）。当测试场景条件允许时应在场景内放置一个中性灰卡，在图像拍摄过程中，使用瞄点式照度计实测并记录灰卡上的亮度绝对值。待合成 HDR 图像后，使用图像中该灰卡上的实测亮度值对整张图像的亮度进行线性校正。当测试场景不允许放置灰卡并测量其亮度时，也可以使用相机镜头平面上的照度实测值进行线性校正。图像拍摄时，可在镜头平面上安装照度计并记录其读数，待 HDR 图像合成后，使用该实测照度值对正整张图像的亮度进行线性校正。

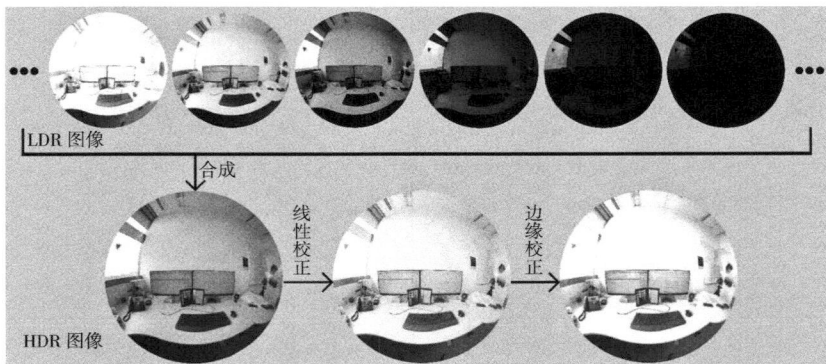

图 3-22　同视角下一系列不同曝光度的数码照片合成 HDR 图像

　　此外，根据拍摄照片时使用的镜头不同，尤其对于鱼眼镜头而言，所拍摄的图像边缘的亮度往往低于中心亮度，这是由于镜头的光学特性导致的，因此，为了确保整体图像的测量准确度，有必要对图像进行边缘校正（vignetting correction）。镜头的边缘效应与光圈大小相关，光圈越大其拍摄的图像边缘部分亮度下降越明显，因此，拍摄图像时需固定使用某一个光圈。拍照设备的边缘效应情况需要通过实际测量获取。如图 3-23 中所示为实验测试设备边缘效应的方法之一。将拍照设备安装在有旋转云台的三脚架上，镜头的正侧方安放一个输出恒定的面光源，将相机以镜头为轴心，在相对远处的光源旋转。每次旋转 6°，转动后拍摄一张 HDR 图像，整个 90° 范围内共计拍摄 16 张图像。将每张 HDR 图像中拍摄的面光源亮度值读取，绘制成如图 3-24 中所示的曲线，即反映了亮度随偏离光轴角度的衰减情况。将该曲线拟合成数学表达式，则可在通过相应软件工具制作出边缘校正蒙版（vignetting mask），用于 HDR 图像的边缘校正，或直接使用边缘效应的数学表达式，对 HDR 图像直接校准。值得注意的是，镜头的边缘效应与光圈大小显著相关，相同设备不同光圈下的边缘效应曲线需进行独立测试后得出。

　　除了使用亮度或照度进行线性校正、使用边缘校正蒙版或公式进行边缘校正之外，当测试场景的亮度范围极大（如包含太阳在内的场景），则有可能出现亮度溢出效应；当亮度范围在 HDR 图像涵盖的范围内时则不存在该问题。判断 HDR 图像是否出现亮度溢出现象，可以通过比较 HDR 图像计算得出的镜头平面照度值与现场实测的镜头平面照度值，当两者差异显著时则可确认出现了亮度溢

图 3-23　通过实验测试拍照设备的边缘效应

Vignetting (f/4.0)

亮度相对值

偏离光轴角度

$y = -7E{-}05x^2 + 0.0003x + 0.9932$
$R^2 = 0.997$

Vignetting Mask

Vignetting (f/5.6)

亮度相对值

偏离光轴角度

$y = -2E{-}08x^4 + 3E{-}06x^3 - 0.0001x^2 + 0.0021x + 0.9955$
$R^2 = 0.9975$

Vignetting Mask

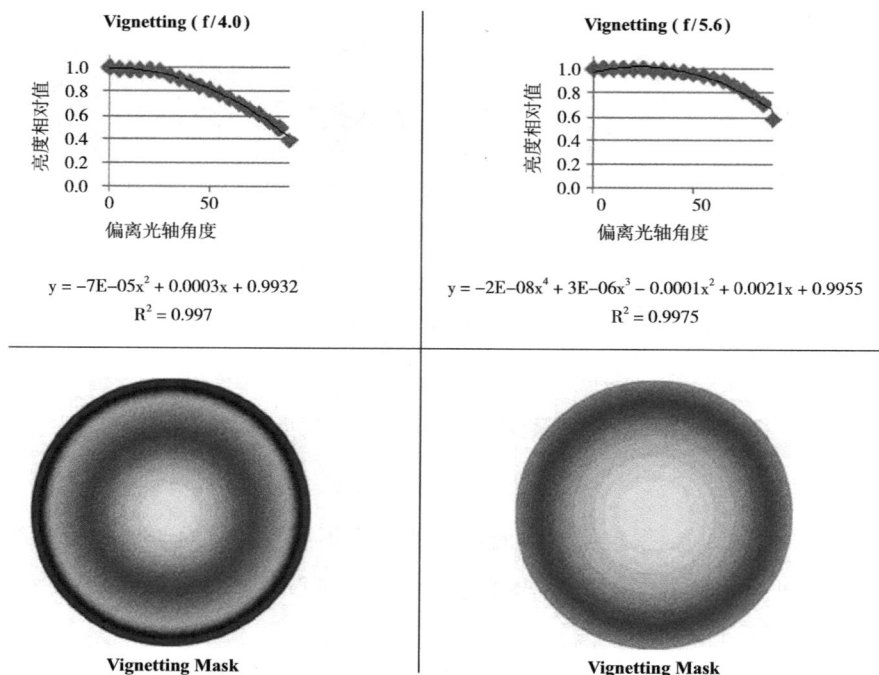

图 3-24　边缘校正公式及对应蒙版

出效应。HDR 图像出现亮度溢出现象时，HDR 图像记录的高亮部分亮度与实际亮度相比显著偏低，则有必要进行溢出校正（overflow correction）。溢出校正使用镜头平面上实际测试得到的照度值作为基准，人工提高图像中高亮度部分的亮度值，直至 HDR 图像计算得出的镜头平面照度值与实测值吻合，溢出校正完成。

　　当前，使用 HDR 图像法进行光环境工程测试以及学术研究已经较为普及，广泛地应用于室内场景、室外环境场景、天空亮度分布的实测测量中，这使得人员可以使用较为常见的设备测试场景内亮度分布。综上所述，拍摄 HDR 图像所需用到的设备有：三脚架、数码相机、鱼眼镜头、照度计（亮度计＋灰卡）。通常情况下要求相机的光圈固定，配合不同的快门时间，白平衡设置为 daylight、ISO 值选定 100，在拍摄时确保相机视角稳定、场景亮度无快速变化现象且无运动物体。此外，拍摄得到的图像合成 HDR 图像后，必须经过校正后其准确数值方才可以用于亮度分析，从未经校正的 HDR 图像中直接读取的亮度值的做法可能导致明显的误差。

3.3.3　材料反射率透射率现场测量

　　建筑采光领域中，较常使用的材料表面的漫射光反射／透射率，即是在漫射光（如：阴天）环境下材料表面的反射率与透射率（ρ_{hh} 和 τ_{hh}）。为了开展采光分析，建筑内不同材料表面的 ρ_{hh} 和 τ_{hh} 通常需要通过现场实际测量得到，本章节中介绍如何使用常见的光度学测量仪器测试材料的漫射光反射 / 透射率。

前文中提到，在漫射光环境下为数众多的建筑内常见材料可以被认为是漫反射材料，而对于漫反射材料而言其表面光度值符合此规律：

$$L = \frac{E \times \rho}{\pi}$$

其中，L 为表面亮度，E 为表面照度，π 是圆周率，ρ 即是材料反射率 ρ_{hh}。

因此，材料表面反射率可由如下表达式给出：

$$\rho = \frac{L \times \pi}{E}$$

据此，可以通过同时测量材料表面的亮度与照度进而运算得出材料反射率。如图 3–25 所示，以一位人员手持照度计测试某表面的照度值，与此同时由另一位人员使用瞄点式亮度计测试该表面（测量点接近照度测量点）亮度值，两个数值记录后可以得出 ρ_{hh}；

对于漫射光条件下的玻璃等材料的透射率 τ_{hh} 则可以在阴天时使用照度计进行测量，在光环境稳定时，使用照度计在窗玻璃外侧紧贴着玻璃表面测试照度值，然后迅速在窗玻璃内侧紧贴着玻璃测量

图 3–25　测量材料表面反射率

照度值，内侧照度与外侧照度的比值就是 τ_{hh} 数值。

对于材料在直射光入射条件下的反射/透射率而言，由于光线的反射/透射率通常与入射光线的入射角有关，相关测试较之漫射光条件下的情况较为复杂。其中，镜面材料、透明玻璃等材料的反射/透射率的测试相对较为简单，镜面材料的反射率通常较高，大多数情况下可以通过查询得知，如：一般镜子的反射率在 0.90 左右，光亮一点的镜子在 0.95 上下。图 3-26 所示的是美国 UC davis 大学 CLTC（加州照明技术中心）实验室内用于测量窗玻璃透光率与光色改变程度的测试环境，使用亮度计测量透过玻璃的亮度值与不透过玻璃的亮度值，两相比较即可得出透明玻璃的透光率，同理测试有无玻璃时的光源色温即可以得知此类玻璃对于光色的改变程度。

图 3-26　实验室内测量透明窗玻璃透射率与光色改变程度

此外，建筑内部存在大量不同颜色、质地、光泽程度的真实材料，其光学性能千差万别，使用照度计、亮度计等基础仪器进行现场测试通常难以得到准确的结果。材料表面的颜色与其反射性能直接相关，使用分光测试仪则可以较为准确的得到材料表面的颜色信息以及光泽程度，以上信息获取之后可以较为便捷地编辑材料的数字文件。

图 3-27　使用手持式分光测色仪测量材料颜色与光泽度

第四章

静态采光分析

静态采光分析主要是指在静态天空模型中开展的采光分析方法。人们使用静态采光分析已经有数十年，因此静态采光可以称作传统采光分析。目前，传统采光分析是被设计师、研究人员、工程顾问广泛使用的采光分析法。该方法通常是以采光系数（DF）为指标分析建筑采光能力，尽量使房间具有良好的视野可以与室外进行视线沟通，同时避免太阳光直射。本章从天空模型讲起，进而详细讨论 DF 的优点与不足，一并简要介绍其他两个设计要点，力求对传统采光分析做较为概括的介绍。

4.1　静态天空模型

天空模型是用于表示天空亮度分布情况的数学模型，所谓静态天空模型是针对动态天空模型而提出的概念，指的是在某种天气状

图 4-1　晴天空、中间天空（多云天）、阴天空

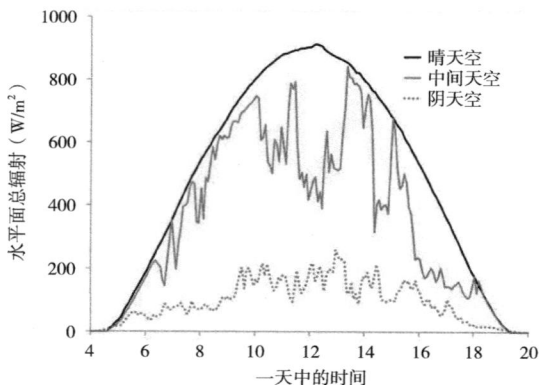

图 4-2　三种天空状态对应的水平面总辐射值

况下的天空亮度分布模型。采光领域，最为人熟知的天空分类方法
是将天空类型分为"晴天空""中间天空""阴天空"三大类。图 4-1
所示为晴天空、中间天空（又称作：多云天）、阴天空三种天气状态，
三者通过天空中的云量加以区别。其中云量少于 3 度（即云面积占
比天空面积小于 30%）的归类为"晴天空"；云量介于 3 度至 7 度之
间的归类为"中间天空"，也叫"多云天"；云量大于 7 度的归类为"全
云天"，也叫"全阴天"。图 4-2 为三类天况下一天中水平面总辐射
变化情况的说明图表，图中辐射表取值步长为 1 分钟，从该图可知：
晴天空下的地面总辐射最高，阴天空最低，而中间天空介于两者之
间。晴天空、全云天相对较为稳定，中间天空条件下的地面辐射值
随时间变化较快，呈现出不稳定的特点，因此是三种天况中最为复
杂、最难以准确描述的类型。很显然三种天况中，全云天的辐射强
度最低，对于建筑采光而言属于最不利的一种天气状态。

　　全云天指的是天空中云量多，未出现太阳直射光、天空中只有
漫射光的天空状态。最早提出的描述全云天的天空模型为均匀天空
（uniform sky），该模型是一种假设的理想天况，该天空亮度分布数

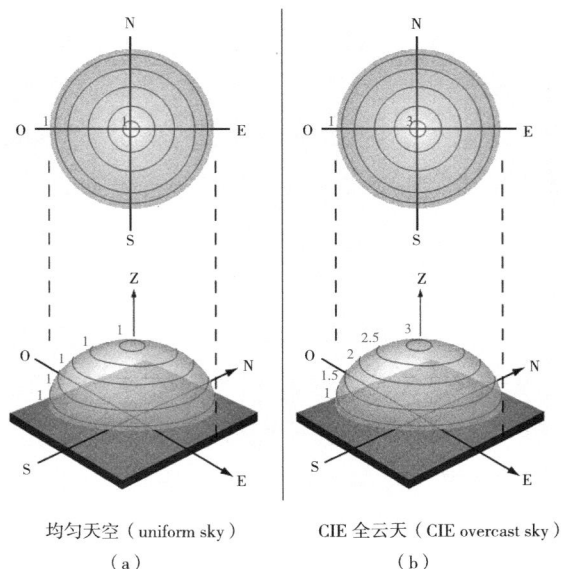

图 4-3 均匀天空与 CIE 全云天模型

学模型中天空上所有部分的亮度值均等（图 4-3a）。均匀天空中，天空亮度 L_u 与水平面照度 E_h 的数量关系是：

$$L_u = E_h / \pi$$

1942 年，学者 Moon 以及 Spencer 提出了另一种全云天模型，该模型也是一种理想的天空模型，实际的天空并不存在符合此类亮度分布的情况，该模型中天空亮度从天顶向水平面方向连续递减，且天顶亮度是水平面亮度的三倍（图 4-3b）。CIE（国际照明委员会）采用该天空模型，并将其作为 CIE 标准全云天模型（CIE standard overcast）。在 CIE 标准全云天模型中，天空元亮度 L_p 与天顶亮度 L_z 的数学关系式为：

$$L_p = L_z \cdot (1 + 2\sin\theta) / 3$$

其中，θ 为天空元所在位置的高度角。

L_z 是天顶亮度，其与水平面照度 E_h 的数量关系是：

$$L_z = 9 \cdot E_h / 7 \cdot \pi$$

冬天，全云天天况下的室外地面照度大约为 7000lx；夏天该数值可以达到约 20000lx。由于全云天是对建筑采光而言最不利的情况，因此在不少静态采光分析中，均使用全云天模型为计算条件，这种选择的思路是若某建筑在全云天下的采光量满足了设计要求，则在其他天况下也一定可以满足房间对于天然光数量的要求。

晴天空是指无云或少云情况下的天空状态。晴天空时，天空中最亮的部分为太阳，次之是太阳周围区域。图 4-4 所示的是晴天空模型的亮度分布示意，其中太阳附近区域的亮度通常为每平方米上万坎德拉，而太阳相对距离较远的天空亮度通常为每平方米几千坎德拉。与全云天模型不同，晴天空模型中包含太阳直射光部分，由于太阳的存在，使得晴天空模型较之全云天模型更复杂、变量更多。CIE 采纳了学者 Kittler 提出的晴天空的天空亮度分布数学公式并将之作为 CIE 标准，但该公式较为复杂，暂不在本书中摘录。但需要明确的是，决定晴天空模型中亮度分布的变量为天顶亮度 L_z 以及太阳位置，因此晴天空模型下的采光分析是区分项目地点、测试时间、项目所在地气候以及建筑朝向等因素的。

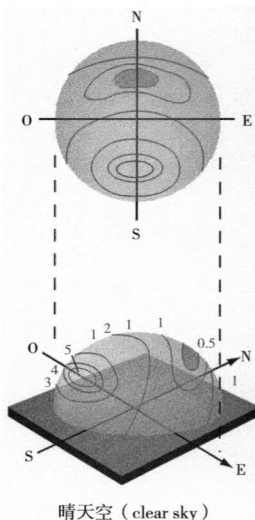

晴天空（clear sky）

图 4-4　晴天空模型

中间天空所描述的天况更接近真实的天空状态，但由于云的快速变化，尤其是对于太阳的遮蔽等因素使得中间天空亮度分布不稳定，通过数学公式有效表达其亮度分布较为困难。但仍有多位学者（Tregenza，Gillette 和 Treado，Winkelman 和 Selkowitz，Nakamura 和 Oki，Pierpoint，Littlefair 等）给出了中间天空的亮度分布数学模型，这些数学模型建议有兴趣的读者自行检索。目前在采光模拟中常使用的中间天空模型为"Matsuura intermediate sky"模型，该公式是基于学者 Matsuura 提出的比 CIE 晴天空模型浊度更高的一种天空模型（有兴趣的读者可以自行查阅该模型公式），虽然 CIE 并未正式采纳该模型作为其标准，但不少采光模拟程序均使用该模型。总体而言，Matsuura 中间天空模型中太阳周围的亮度较之 CIE 晴天空模型低，但天顶亮度稍高于 CIE 晴天空。如表 4-1 所示的三大类静态天空模型示意图表，该表中将太阳的位置设定在高度角、方位角分别为 45° 与 180° 的位置，并将漫射光的水平面照度统一设定为 30000lx。

采光研究权威 Peter Tregenza 教授称上述几类静态天空模型为钝态天空模型（dull sky model），这种称谓很好地反映了这类模型的特点。当然，任一建筑方案在相同的规则下开展采光分析均是公平的做法，或者说建筑只要是在某一个大家都接受的天空数学模型下开展采光分析都是一种公平的分析比较方法，但这种分析方法的合理性也值得进一步地思考。尤其是 CIE 全云天模型、中间天空模型均是一种理想的数学模型，而实际的阴天或多云天并不存在完全符合

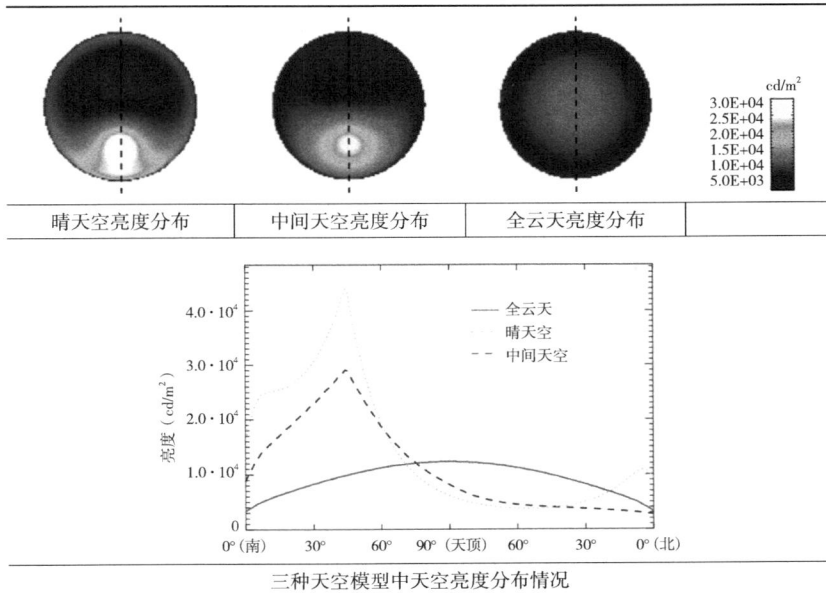

静态天空模型天空亮度分布示意　　　　表 4-1

晴天空亮度分布	中间天空亮度分布	全云天亮度分布

三种天空模型中天空亮度分布情况

其亮度分布数学公式的情况。

　　在如上几类静态天空模型下开展的采光分析称之为静态采光分析，静态采光分析要么不考虑时间因素（全云天），要么只考虑某一瞬间时刻的采光表现（晴天空、中间天空），这种分析方法的局限在于不能获知某建筑在一个较长周期上的总体采光表现。以晴天空和中间天空为例，某建筑在一年中某一时刻于晴天空或中间天空下开展分析得到的结果并不能直接用于判断该建筑采光设计是否达标。为了提高静态采光分析的说服力，有些学者提出在一年中的若干个特殊日（如夏至、冬至、春分、秋分）中以一定时间间隔开展一系列采光分析，这种研究方法相对而言能够说明一些问题，如通过模拟得知某建筑在冬至日、夏至日、秋分日（每日 8：00 ~ 18：00，以 30min 为时间间隔）的晴天空下的采光表现，至少可以说明该建筑一年中太阳直射光对于室内光环境的影响程度的区间，但相对而言静态采光分析更适合用于多个项目之间的比较研究。在全云天下开展建筑采光分析则更加被广泛接受，DF 就是在全云天下定义的。

　　CIE 于 2003 年以标准文件（CIE S 011/E：2003）的形式颁布了 CIE 标准一般天空（CIE Standard General Sky），其中一共提出了 15 种天空类型，其中包括 4 种不同类型的阴天空，1 种均匀天空，

5 种不同类型的多云天，5 种不同类型的晴天空。这种更为详细的分类方法使得 CIE 标准一般天空模型更能准确地代表实际的天空亮度的分布情况。但就目前的应用现状而言，15 种的 CIE 标准一般天空并未在建筑采光的分析与模拟中得到广泛普及，为数众多的静态采光分析项目依旧使用晴天空、中间天空、全云天三类天空模型。

4.2　采光系数（DF）

采光系数（DF，daylight factor）的定义是：CIE 全云天条件下，建筑室内某一点的照度与同一时刻室外无遮挡处的水平照度的比值。该定义是由 Moon 和 Spencer 于 1942 年提出的，其表达式为：

$$DF = E_p / E_h \times 100\%$$

其中，E_p 为室内某一点的天然光照度，E_h 为室外无遮挡的空旷地带的水平照度，DF 的测试或计算条件必须是在全云天环境下，如图 4-5 所示。

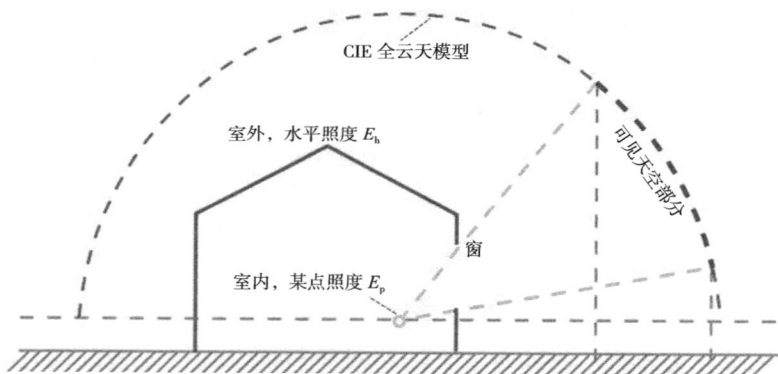

CIE 全云天模型

室外，水平照度 E_h

可见天空部分

窗

室内，某点照度 E_p

图 4-5　说明 DF 定义的配图

4.2.1　有关 DF 的讨论

DF 的定义简单、易于理解与推广，如：现今对于办公或学习等作业而言通常推荐工作面上至少有 500lx 的照度，如：我国现行的《建筑采光设计标准》GB 50033—2013 推荐教室中课桌面天然光照度下限值为 500lx。假设全云天时室外照度为 10000lx，则桌面对应的 DF 值为 2%（500/10000=2%）。

将照度比值的概念用于表示建筑内的天然光数量多少的思路最早起源于 1909 年前后。学者 Waldram 于 1909 年发表了一篇应用此概念进行光环境测量的技术文件。使用比值而不是照度绝对值的最初动机是为了避免照度值频繁波动甚至是剧烈的波动所导致的测量困难。诚然，室内某一点的天然光照度是连续变化着的，甚至可能出现剧烈的变化，但在真实情况下，室内一点的照度与室外照度的比值是否就恒定？这个问题的答案当然是仅在某些条件下室内外照度的比值可能恒定，但整体而言其波动程度显著低于照度绝对值。1949 年，CIE 采纳了 Moon 和 Spencer 于 1942 年提出的全云天模型，即现在广为人知的 CIE overcast sky，并在该天空模型下定义了采光系数。前文中提到对于建筑采光而言全云天是最不利的天气情况，因此，DF 从来都不是用于衡量建筑采光是否良好的指标，而是用于保证建筑室内能达到最低采光要求的指标。所以，满足 DF 标准的建筑并不能等同于采光良好的建筑。

DF 是当前最广为接受且广泛使用的用于衡量建筑采光表现的指标，大多数人在分析建筑采光时会使用 DF 指标。我国现行的《建筑采光设计标准》GB 50033-2013 中规定了不同建筑类型的天然光照度最低值以及根据不同光气候分区给出了对应的 DF 标准值，这些情况都使得建筑采光分析普遍地依据 DF 指标。在过去的几十年间建筑采光分析一直沿用基于 DF 的方法，少有例外，其原因主要是长期以来没有新的指标被提出。

建筑方案不同则其室内的 DF 也不同，因此，DF 可以用于指导建筑的采光设计。DF 的影响因素有如下几方面：

1. 自身形状：建筑（房间）形状与尺寸；
2. 开窗：开窗大小与位置、窗玻璃、窗的构造、是否有遮阳；
3. 周围环境：场地内的景观与建筑情况；
4. 室内表面光学特性：反射率、透射率、质地、颜色等。

以上几方面的因素对于某房间内 DF 的大小与分布产生影响，除此之外的因素则不影响 DF 值。比如：由于 DF 并不随时间变化，因此不存在所谓"年度平均 DF"的概念，当然对于某实际建筑而言，一年中不同时间的室外环境（尤其是植物）有可能发生改变。如某房间窗外有树，夏季树冠叶片茂盛，阻挡了相当一部分的天空光入射室内，到了冬季出现落叶，只剩下光秃秃的树枝，天空光可更多地入射室内，这些因素的改变使得某些房间的 DF 在一年中可能出现变化，但如果做此考虑则应给出详细的说明。此外，DF 并不能有效地反映遮阳装置对室内光环境的影响，因为 DF 是在漫射光条件下定义的，而漫射光环境中建筑不需要任何遮阳装置，无论是静态遮阳（如水平遮阳、垂直遮阳）还是动态遮阳（如百叶）。

DF 的优势有很多，在实际的项目中，DF 是最好用的指标，由于定义简单使得其易于理解，很多的建筑师对于采光的理性认识到 DF 为止，这种情况也使得使用 DF 有利于建筑师之间的沟通。此外，DF 的分析结果十分直观，建筑设计方案的采光效果是否达到标准要求一目了然。DF 的获取方法也较多，而不像动态采光指标必须依靠计算机模拟，DF 可以用较为便捷的公式运算后求解、通过 Radiance 模拟求解、通过缩比模型在人工天空内测量或者由现场测量得到，这使得更多的人可以求解 DF。

DF 这一指标到底反映了什么？它传递了什么信息？使用 DF 开展建筑采光分析到底会如何影响采光方案的设计与评价？一些通常被认为可令房间采光更好的设计手法的确可令室内 DF 更高，比如：更高的窗高、更高的屋顶以及墙面反射率、宽而浅的平面布置、立面或屋顶上大面积开窗并使用高透光率玻璃等等。更多的天然光入射室内则其平均 DF 更高，如果仅以 DF 为指标，则可能导致窗越大越好，入射光线越多越好的结论。以此推之，则全幕墙建筑的 DF 值最高，但实际上，全幕墙的建筑往往会在舒适性以及节能方面产生问题。以上这些讨论也在一定程度上也反映了 DF 的不足。

DF 的不足之处如下：

1. 不区分建筑物朝向，即某个建筑无论朝向哪个方向，其 DF 不变；

2. 不区分项目地点，即某个建筑无论其位于何处，其 DF 不变；

3. 不考虑时间因素，DF 与时间无关；

4. 不考虑太阳直射光因素；

5. 不考虑天空状态的差异。

实际上，以上列出的因素与建筑物的采光表现有着直接的关系。忽略这些因素使得使用 DF 进行采光设计时，不能够根据不同的朝向开展相应的防眩光设计。众所周知，当太阳高度角较低时，东西向的眩光问题往往十分严重，因此相应的防眩光设计是采光设计的重中之重。DF 指标不能指出哪里可能出现眩光问题，图 4-6 中所

图 4-6 某图书馆建筑采光效果

图 4-7 我国光气候分区（根据《建筑采光设计标准》GB 50033-2013）

示的情况也许就是仅使用 DF 指标进行采光设计后造成的后果。

DF 本身不反映地域性差异，但在制定 DF 标准值时根据不同的光气候分区制定了不同的标准值。如我国现行的《建筑采光设计标准》GB 50033-2013 中根据年度平均太阳辐射量，将我国分为了五个光气候分区（图 4-7），从天然光资源最丰富到最匮乏依次分为 Ⅰ、Ⅱ、Ⅲ、Ⅳ、Ⅴ区，其中选定Ⅲ区作为参考标准，人为规定Ⅲ区的室外天然光设计照度值为 15000lx，其他光气候区与Ⅲ区通过系数 K 值依次增减，表 4-2 中所示的是光气候系数 K 值及其对应的不同分区的室外天然光设计照度值。DF 标准则根据工作面照度需求与室外天然光设计照度值的比值设定，如广州地区某工作面要求照度达到 300lx，则该情况下的 DF 标准值（最低值）为 2.2%（300/13500=2.2%），这种做法在一定程度上将地域性气候特征考虑进了 DF 评价体系。为了加深读者对于 DF 的主观认识，表 4-3 中给出了不同 DF 范围所对应的光环境亮暗程度的描述，可给读者建立一个主观的印象。

光气候系数 K 值　　　　　　　　　　　　　　表 4-2

光气候区	Ⅰ	Ⅱ	Ⅲ	Ⅳ	Ⅴ
K 值	0.80	0.90	1.00	1.10	1.20
室外天然光设计照度值 E_s（lx）	18000	16500	15000	13500	12000

DF 范围及其描述　　　　　　　　　　　　　　表 4-3

DF 范围	描述
低于 1%	暗，仅适合仓储空间
1% ~ 2%	低照度，适用于不太重要的空间
2% ~ 4%	照度适中，适用于居住空间
4% ~ 7%	中等照度，适用于办公
7% ~ 12%	高照度，可以进行精细工作
超过 12%	很亮

4.2.2　DF 的计算与测量

求取 DF 的方法有很多种，其中有些方法并不依靠计算机模拟，这使得不操作电脑也可以计算 DF。其中，采光研究学者赖恩士（Lynes）提出了计算房间平均 DF_{avg} 的经验公式，DF_{avg} 即指某房间室内平面（民用建筑通常取距地面 0.75m 的高度）各点的 DF 的算术平均值。赖恩士给出的公式如下：

$$DF_{avg} = \frac{A_{glazing} \cdot \tau_{vis} \cdot \theta}{A_{total} \cdot 2 \, (1 - R_{mean})}$$

其中：$A_{glazing}$ 指开窗面积；

A_{total} 指室内各表面积之和（并非地面积）；

R_{mean} 指经不同位置表面的权重加权后的各表面平面反射率；

τ_{vis} 指窗玻璃漫射光透光率；

θ 指见天角，即可见天空部分与窗玻璃中点所形成的夹角。

以图 4-8 中所示情况为例说明使用赖恩士提出的方程计算平均 DF。房间 1 与房间 2 除去开窗朝向不同之外其他条件相同，房间面宽 6m，房间进深 8m，层高 3.05m，窗的尺寸为 $3.04 \times 1.83m^2$，R_{mean} 为 0.5，τ_{vis} 为 0.72；如图中所示房间 1 的见天角 θ 经计算后得知 θ 为 $60°$；$A_{glazing}$ 为 $5.56m^2$；A_{total} 为 $181.4m^2$；将以上数值带入赖恩士公式后可以得知 DF_{avg} 为 1.3%；如果房间 2 无遮挡建筑的情况，则房间 2 侧窗的见天角 θ 为 $90°$，其他条件不变，则可求得 DF_{avg} 为 2.0%；对于侧窗采光而言见天角 $\theta \leqslant 90°$，对于天窗采光而言则有可能出现 $\theta > 90°$ 的情况。赖恩士经验公式是一种简单、易上手的求解平均 DF 的方程，但其局限性在于只能求解具有简单几何形状的房间，且室外遮挡也较为简单的情况。

由该经验公式还可以推导出估算开窗面积的公式，即：在平均采光系数（DF_{avg}）确定的情况下求解窗墙比（WWR）的公式：

$$WWR > \frac{10 \times DF}{\tau_{vis}} \frac{90°}{\theta}$$

仍以图 4-8 中的情况为例，以 DF=2% 为设计目标，房间 1 的窗墙比（WWR）不应低于 42%，而房间 2 的窗墙比（WWR）不应低于 27%。

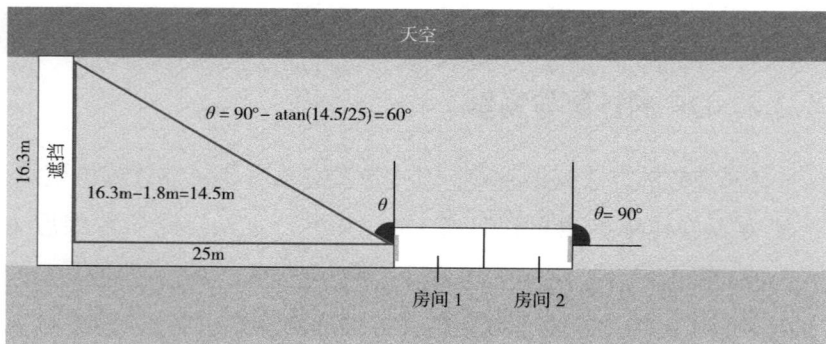

图 4-8　计算平均 DF 示例

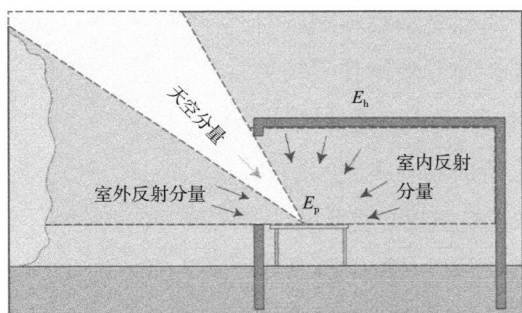

图 4-9　分量光通法求取 DF 图解

英国建研院（BRE）也推荐了一种计算 DF 的方法，即：分量光通法（Split–flux method）。如图 4-9 所示，漫射光条件下，室内一点 p 的照度 E_p 由三部分分量叠加产生，包括：直接来自可见天空部分的天空分量（SC）、由周围环境中的建筑或其他物体表面反射的光线入射进室内后形成的室外反射分量（ERC）、进入室内的光线经室内各表面反射后形成的室内反射分量（IRC）。分别求解 SC、ERC、IRC 三部分分量在室内某点产生的 DF，再将分量求和后就可以得到 p 点的 DF。可以使用公式通过分量光通法计算 DF，但该公式相对较为复杂，变量与参数较多，更多地是通过计算机模拟程序实现。通过计算机模拟是获取 DF 的高效途径，且可以处理复杂的场景与建筑平面，Ecotect 软件中的 Lighting Analysis 功能就是使用分量光通法的原理，根据光线追踪算法（Raytracing）开发的，光线追踪算法中每一条射线对应着该方向上的一片天空。分量光通法中的天空分量（SC）由可见天空部分的相对亮度、可见天空部分与水平面夹角、可见天空发出的光线穿过玻璃的透光率决定；室外反射分量（ERC）则由可照射到室外遮挡物的那部分天空的亮度、室外遮挡物表面反射率、窗玻璃透光率等因素决定；室内反射分量（IRC）由室内各表面的反射率、入射光线的高度角决定。分量光通法构成直接、显见，由半球形天穹上发出射线经过各表面一次反射或透射后最终到达目标工作面上的数值即可换算出目标工作面照度值，计算速度快。但分量光通法并不考虑各表面上的多次反射因素，因此有可能低估在多个表面之间反射而产生的间接光线，这就导致了分量光通法在准确程度上存在问题。实际上，以我们的经验而言，在模拟采光计算时并不推荐使用 Ecotect 中的 Lighting Analysis 功能计算 DF，主要是因为准确度方面的原因。

　　计算机模拟方面最常用的是基于 Radiance 程序模拟计算 DF 值。Radiance 是由美国劳伦斯伯克利国家实验室（LBNL）的学者 Greg Ward 为主导开发的一套使用逆向光线追踪算法（Back Raytracing）的光线模拟程序，其中多个关键参量可根据计算精度或计算需求的不同自行设定，Radiance 中提出了一整套定义材料光学性能的规则用于材料的数字化建模，掌握该规则也有利于明确光学材料测试时需要获取哪些参数。使用 Radiance 模拟计算 DF 的方法得到了较为广泛的接受，其模拟计算结果的准确程度也相应得到了广泛的验证。对于 Radiance 感兴趣的读者建议自行浏览劳伦斯伯克利实验室网站查找相关内容，自行进修，相关内容对于掌握采光模拟想必受益匪浅。

DF 还可以使用缩比模型在人工天空内测试得到。图 4-10 所示的是在镜箱式人工天空内测量 DF，镜箱式人工天空内壁装置由平面镜形成镜面围合效果，该环境可将镜箱顶部的均匀面光源无限次发射，据此可以营造出较为接近 CIE 全云天亮度分布的测试环境（该装置已获专利授权）。以图中模型为例，该模型为 1∶15 缩比模型，模型内表面使用不同材质以达到接近实际房间各表面光学性能，在模型内部使用袖珍探头照度计在多位置上取照度值，并同时测量模型高度上的水平照度值，经简单计算可得到模型汇总 DF 值。此外，选择实际的阴天空下在真实的房间内或缩比模型中也可以测试 DF，但通常情况下实际的阴天空不可能与 CIE 全云天亮度分布模型完全吻合，因此其测量结果的说服力有限。通过模拟或计算获取 DF、人工天空中测量建筑 DF 与实际阴天下测量 DF 互有优缺点，使用者可以根据自身需求进行选择。

LEED 绿色建筑认证体系中也对采光作出了相关要求，其中 LEED Daylighting Credit（IEQ8.1）中使用 DF 对建筑的采光能力做出了规定：要求房间中 75% 以上的室内面积的 DF > 2%，满足该条

模型内部

图 4-10　镜箱式人工天空（亚热带建筑科学国家重点实验室建筑光学实验室自研，已获专利授权）

件则得 1 分，为了方便计算，LEED 文件中还根据不同的采光类型给出了一系列计算 DF 的经验公式。此外，LEED（IEQ8.2）中还规定 90% 以上的使用空间有良好的视野则可获得 2 分。这些规定都有助于促使建设方重视建筑采光，但遗憾的是 LEED 并未对天然光眩光以及过度采光可能带来的过热问题作出规定。

4.3 与室外的视线沟通

在静态采光分析中，除了使用 DF 作为指标指导采光设计之外，与室外的视线沟通以及规避直射光也是被广泛认同的设计原则。人们在预订房间时倾向于"海景""湖景""望花园"等等，这些讲究指的是室外的景观对于房间品质的提升作用，能看到"美景"的房间自然更受青睐。与室外有良好的视线沟通是建筑使用者的需求（图 4-11），这也成为采光设计需要注意的要点之一。LEED 评级体系也注意到视野对于房间品质的提升作用，并对此做出了专门规定，即 90% 经常使用的空间可以通过开在垂直面上、高度介于 0.76 ~ 2.28m 之间的窗口直接看到室外，符合该条件可获得 2 分。这一条目也意味着在采光的同时最好能够保证良好的视野。但 LEED 中的这个条目在执行层面也有诸多不足之处，比如从房间内一点直视室外时，通常要求"视角"有一定的范围，这个范围的大小取决于看的对象

图 4-11 具有良好视野的办公室

图 4-12　动态遮阳装置（如百叶）对于视野可能造成的影响

是什么，若某房间的侧窗中只有一个不宽的缝隙能够看到室外景观，那么其对房间品质起到的提升作用不大，但在 LEED 中却一样可以得分。此外，透过窗子看到的景色是否令人感觉良好，也取决于景色到底是什么，如果不是令人心旷神怡的景色，也难以令人舒心。LEED 并未对以上具体的问题作出量化规定。要求房间有良好的视野总体上没错，但还有一种情况应当注意：如图 4-12 中所示的情况，不少房间使用百叶，但为了避免眩光的干扰长期地将其拉合，这也阻止了室内外视线的沟通；当然，纱织的卷帘或者半开的百叶在遮阳的同时可以保证部分视野。

4.4　规避直射光

将太阳直射光分析用于室内光环境分析中通常是为了研究遮阳，可称作"遮阳分析"；而用于建筑规划中（建筑物间）的分析则主要目标通常是为了研究建筑间阴影的遮挡情况，常称之为"阴影分析"，此章节简单介绍固定的遮阳设计问题。目前，大多数设计人员对于建筑采光的设计基本是在使用 DF 衡量室内天然光数量的同时考虑避免太阳直射光入射室内。规避太阳直射光是进行建筑采光设计时的又一个主要原则，也就是我们常说的"遮阳"。在我国，有时将建筑的遮阳问题划分为"建筑热工"范畴，这种划分显然是只片面注意到了太阳直射光的热效应。实际上，合理的遮阳在防止制冷季室内过热的同时也有利于营造视觉舒适的光环境。

4.4.1　固定遮阳设计简介

遮阳可以避免室内产生眩光，有助于营造舒适的视觉环境；同时有助于避免夏季过热，建立舒适的热环境，也有助于降低制冷能耗。然而，某些时段（如冬季）人们又希望太阳直射光入射室内，虽然此时直射光入射室内有助于加热室内，但遮阳的存在不利于降低取暖能耗。另外，在遮阳设计时也应注意其可能会阻断与窗外视线的沟通。由于静态采光分析框架难以针对动态遮阳装置开展分析，因此本章节仅简述固定遮阳设计。

遮阳是指窗上通过装置遮蔽太阳直射光，在进行遮阳分析时将太阳直射光视为由天空中一点（太阳位置）发出的平行光线。固定遮阳装置可分为"水平遮阳"与"垂直遮阳"两大类，遮阳板的尺寸与安装位置可针对太阳位置（太阳高度角、方位角）与窗口的连线开展几何分析后确定。通常建议东西朝向的窗口使用垂直遮阳板（图4-13），因为垂直遮阳板可以较好地遮蔽低位的太阳直射光；南向窗口（北半球地区）则可使用水平遮阳板（图4-14），因为水平遮阳板可以遮挡来自高位的太阳直射光；水平遮阳与垂直遮阳相结合的设计（图4-15）也可以取得良好的遮阳效果；对于建筑的北立面则通常不需要安装固定遮阳装置，因为太阳直射光仅在较少的时间段内（通常为清早及日落前）直射建筑北立面。

固定遮阳设计时需要重点考虑如下两点：

1. 遮阳时段；

2. 使用何种形式的遮阳能够满足在需要的时段内遮蔽直射光。

如前文所述，并非所有的时间段都需要完全遮蔽太阳直射光，因此，根据项目地点的实际气候条件确定合理的遮阳时段是遮阳设计的关键，明确了遮阳时段后就可以根据该时段内太阳的位置进行遮阳设计。一般对于我国大部分地区的夏季来说，太阳直射光未经遮挡直接入射室内会造成强烈的眩光，也会导致室内过热、增

图4-13 垂直遮阳（建议用于东西向立面）

图4-14 水平遮阳（建议用于南向立面）

图4-15 水平+垂直遮阳

加室内制冷负荷；而冬季，室温较低，和煦的阳光入射室内非但不会令人不适，反而觉得暖洋洋的，此时无需遮蔽太阳光。最为简单的确定遮阳时段的方法是使用环境温度高于某值的时间段，学者奥戈雅兄弟（The Olgyays）于 1957 年提出环境温度大于 21℃（$T_{ambient} \geq 21℃$）的时段可设定为遮阳时段，这是一种最为简单的原则，但在实际应用中使用该方法存在某些问题，新建建筑与半个世纪前的建筑水准已经不可同日而语。除此之外，目前还普遍使用采暖度日数（HDD，Heating degree days）与降温度日数（CDD，Cooling degree days）两个概念求取的平衡点进行确定。采暖度日数（HDD）是指一段时间上（如一年、一月）室外日平均温度低于18℃的数值的累加值；降温度日数（CDD）是指一段时间上（如一年、一月）室外日平均温度高于 18℃的数值的累加值。图 4-16 所示的是 2017 年广州市月度 HDD 与 CDD 数值，将两条曲线的交叉点设置为平衡点，而遮阳时段需要以夏至日为时段中心，由此可以得出"短遮阳时段""适中遮阳时段""长遮阳时段"三个时间段，然后根据需求进行选择。

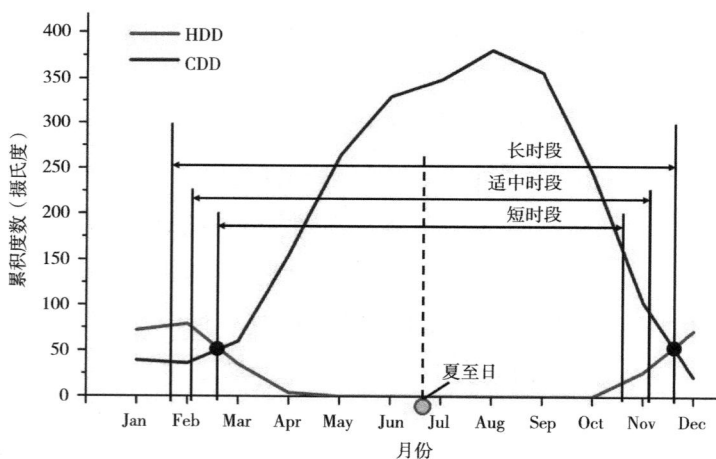

图 4-16　2017 年广州市月度累积度数与遮阳时段说明

遮阳时段确认之后，则可以进一步考虑通过何种形式实现遮阳。固定遮阳设计是根据太阳光入射角度开展的几何分析，面对相同的太阳光入射角，可以使用多种不同的形式实现遮阳的目的，图 4-17中所示的是多种不同方案实现遮蔽高度角为 $90°-\theta$ 的太阳发出的直射光，不同的方案都实现了相同的遮阳效果，但不同的方案对于房

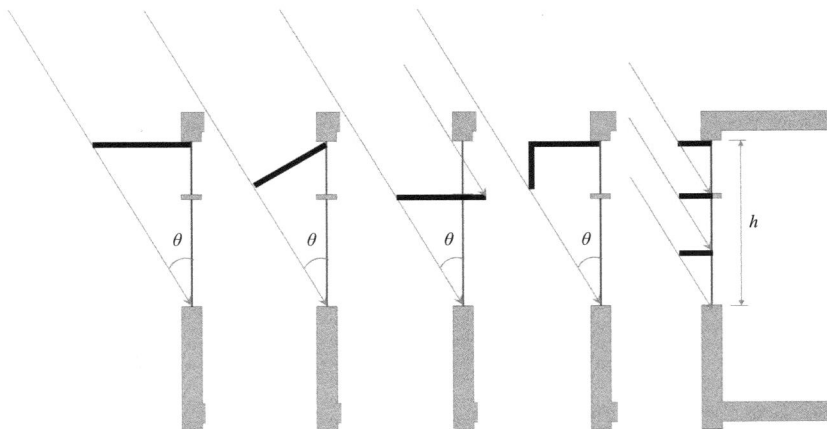

图 4-17 不同的形式均可以实现遮阳

间采光的影响程度却不尽相同，这种影响可以体现在房间 DF 的差异上，如果使用动态采光指标评价则差异更为显著，因此有必要对不同的遮阳方案进行择优以确定最终实施的方案。

4.4.2 遮阳分析

太阳直射光的分析可以使用缩比模型在日晷仪或计算机中进行模拟，方法较为多样。日晷仪是最常用的分析太阳直射光对建筑影响的仪器装置，其种类众多，但原理都是通过不同形式模拟太阳以不同的高度角与方位角照射建筑。有些日晷仪是在室外使用的，晴天时在真实太阳下进行测试分析；有些日晷仪是在实验室内使用的，借助灯具模拟太阳光；从实现的方式上，有些日晷仪中建筑模型固定，而"太阳"可以按照轨迹运动，并可停止在所需要的位置点上；有些日晷仪中"太阳"固定，而安装建筑的平台转动，进而实现太阳位置相对建筑模型转动。图 4-18 所示的是日晷仪中的一种，用于在室外进行建筑模型的直射光分析。首先，调整日晷仪位置并旋转 α 角使得平台正对太阳，此后再调整 α 角则可设置测试日期（设置一年中的日期），θ 是项目所在地纬度与 90° 之间的差值（设置纬度），调整角度 β 相当于调整测试时间（设置一天中的时间）。平台上放置的小日晷用于指示测试时间。

亚热带建筑科学国家重点实验室内的建筑光学实验室自行设计了一款在实验室内使用的形体较为紧凑的日晷仪（已获得专利授权），如图 4-19 中所示，该装置在小空间内模拟出了平行的太阳直

图 4-18　使用缩比模型在户外进行太阳直射光分析

用于指示测试时间

图 4-19　紧凑型日晷仪（亚热带建筑科学国家重点实验室建筑光学实验室自研，已获专利授权）

射光，并可以根据测试项目地点与测试时间的不同调整太阳高度角与方位角，该装置具有简单直观、结构紧凑的特点。此外，还有多种不同设计思路的日晷仪均可以进行太阳直射光分析，有兴趣的读者可以自行查找相关实验设备。

　　由于直射光分析中将太阳视为发出平行光线的点光源，除了太阳的空间位置变量之外无其他变量，因此实现太阳直射光分析的计算程序较为直观，如 Ecotect 等诸多程序中均集成了易用的遮阳分析功能。图 4-20 所示的是广州市 10 月 18 日 12 时的遮阳分析图，（a）为窗外无遮阳时室内有太阳直射，（b）为窗外安装遮阳板后室内完全没有太阳直射光的情景。在此类程序中，要求准确建立对象模型，设置好开窗以及遮阳板，需要输入项目所在地坐标、分析时间（具体到分钟）等参量即可直观地看见室内遮阳效果，进行遮阳分析。

10 月 18 日 12 时，广州

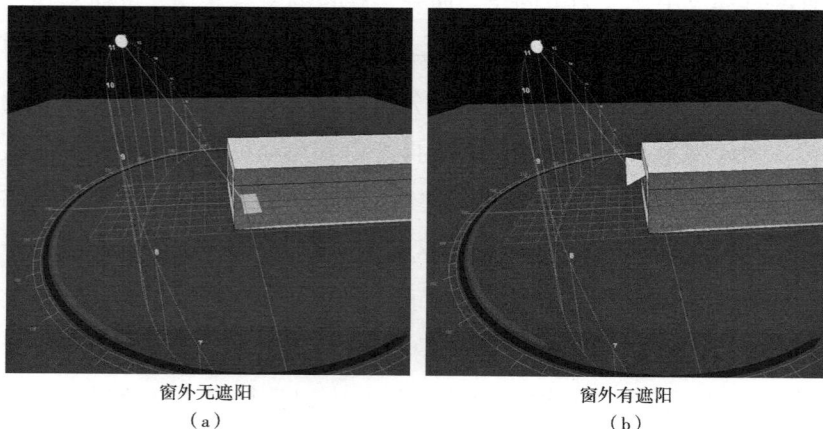

窗外无遮阳
（a）

窗外有遮阳
（b）

图 4-20　软件中进行遮阳分析

4.5 静态采光分析法

传统的采光分析方法最常用的思路是将 DF 分析与遮阳分析相结合的方法。比如，某建筑在进行采光设计时，首先考虑满足 DF 要求，由此基本确定开窗方案。然后再考虑遮阳问题，在项目所在地开展遮阳分析，在窗上设置必要的遮阳装置，确保在遮阳时段内无太阳直射光入射。最后，将设计完成的方案再次进行 DF 计算，如果满足标准要求则建筑采光设计完成；如果 DF 未达标，则调整采光或遮阳方案，使之最终满足 DF 要求。

以广州地区某使用天窗采光的矩形平面单层建筑为例，如图 4-21 所示，该建筑平面尺寸为 20m×30m，层高为 8m，屋顶中间沿纵向轴线开宽度为 3m 的平天窗，建筑实体墙面、地面均设定为反射率为 0.50 的漫反射材料，天窗无窗框，窗玻璃为双层 Low-E 玻璃，其透光率为 0.47；经计算机模拟得知其地面上的 DF 分布情况如图 4-21（b）所示，建筑内 DF 均值为 5.0%；其中 DF 不小于 2.0% 的面积占总平面面积的 93.6%。如果该建筑为展览建筑展厅，则依据《建筑采光设计标准》GB 50033-2013 中的规定：展览建筑展厅如果使用顶部采光，其地面 DF 标准值为 2.0%，由此可知该案例的 DF 计算结果符合国家标准中的规定。至此，则需要考虑采光口规避太阳直射光入射的问题。结合广州地区的气候特征，假定该项目所使用的遮阳时段为每年 2 月 21 日至 10 月 21 日，则该遮阳时段内太阳高度角范围为 56°～90°，由于该展览建筑采用平天窗采光，因此计划采用格栅进行遮阳。如图 4-22 所示，为了遮蔽高度角范围 56°～90° 的太阳直射光，该建筑的遮阳方案采纳了安装金属格栅的方案，金属格栅宽 0.8m，安装间距 0.55m，旋转角度为 43°；经过分析该方案可以遮蔽来自太阳高度角范围为 56°～90° 的直射光。相应的，该建筑室内地面的平均 DF 为 2.7%，且 DF 不小于 2.0% 的面积占总平面面积的 64.7%，该结果较之无遮阳方案 DF 值有显著降低，但依旧符合国标要求。该天窗采光方案有一个明显的不足之处：连续排列的格栅在遮蔽来自高度角 56°～90° 范围内的太阳直射光的同时也遮蔽了来自更低高度角的太阳直射光，在非遮阳时段（如冬季）太阳直射光线仍然无法入射室内，这一方面会导致某些时段室内偏暗，另一方面也使得某些时段室内取暖量增加。因此，该采

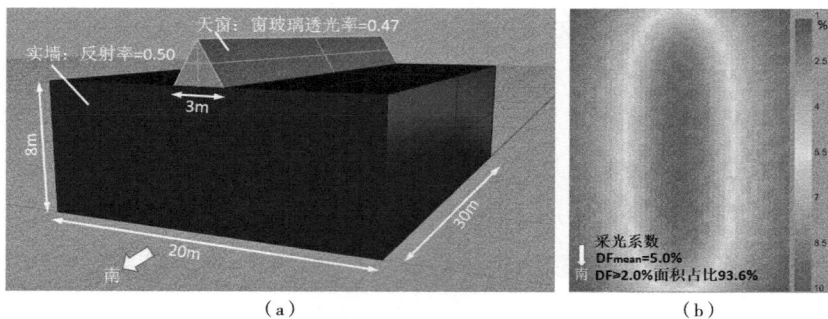

图 4-21　某使用天窗采光的建筑及其 DF

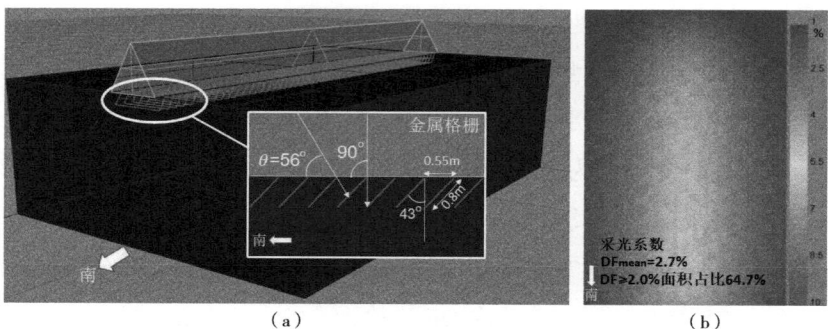

图 4-22　某使用天窗采光的建筑（带格栅）及其 DF

光方案虽然符合 DF 标准要求，但并非最优化的采光方案。由于 DF 是在漫射光条件下定义的，该指标并没有充分考虑直射光的采光情况，因此不能用于分析动态遮阳装置。这也是使用 DF 分析建筑采光存在的弊端之一，DF 自始至终都不是用来说明某一个采光设计是否优良的指标，它只能说明某方案是否达到了采光的最低要求，而仅仅满足最低要求的采光方案并非是大多数设计师所需要的。

　　以侧窗采光设计为例，如图 4-23 所示，参考房间为面宽 4m、进深 7m、高 3m 的普通办公室，窗台高度为 0.9m，内表面反射率统一设定为 0.50，图中的四种开窗方案均满足了 DF 大于 2% 的要求，由四个方案的 DF 结果比较后可知，在窗玻璃透光率相同的情况下，开窗面积大的房间室内平均 DF 更高，这也是 DF 的特点之一，如果以 DF 作为采光设计的择优指标，则结果是挑选出开窗面积更大、窗玻璃透光率更高、窗外无遮挡的方案。

　　以图 4-23 的参考方案为例，在没有安装任何遮阳装置的情况下，该房间的 DF_{mean} 为 2.8%。假定该房间坐落于广州市且朝南，遮阳时段同为每年 2 月 21 日至 10 月 21 日，则需遮蔽的太阳高度角范围为 56°~90°，为了满足遮阳条件计划在窗上沿外侧挑出水平遮阳板，经分析对于窗高 1.5m 的侧窗，遮阳板需挑出 1m。图 4-24（a）所示的是该方案安装遮阳装置后的效果与相关尺寸标注，经模拟计算此时该存在遮阳的南向侧窗采光方案的室内 DF_{mean} 为 1.4%，已经不能满足 DF 最低 2% 的规定，因此有必要对开窗进行调整，比如进一步增加开窗面积，如图 4-24（b）所示，增大开窗面积后 DF 相应增加，此方案满足了 DF 标准。

图 4-23 不同开窗形式及其 DF

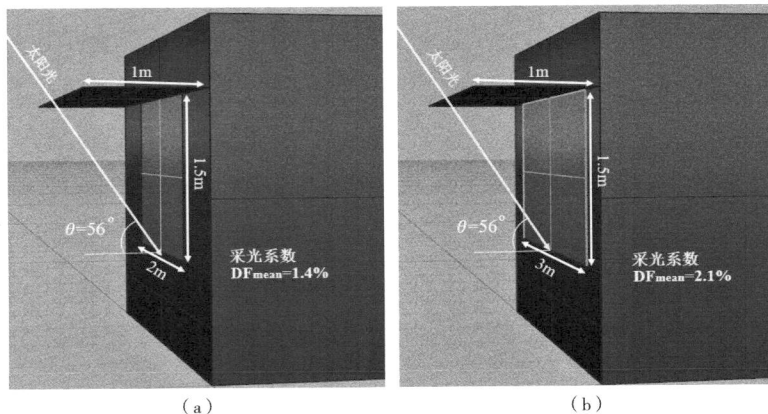

图 4-24 安装遮阳的侧窗及其 DF

除了 DF 之外，静态采光分析也可以依据建筑室内的照度绝对值。通过计算某种天空状态下、某时刻的照度绝对值可以在一定程度上掌握房间的采光情况。常采用的方法是在某一种天况下同时计算若干典型时间上的室内照度分布，以此结果分析建筑采光。表 4-4 中所示的是上文中的参考房间在 12 月 21 日（冬至日）9：00、12：00、15：00，9 月 23 日（秋分日）9：00、12：00、15：00，6 月 21 日（夏至日）9：00、12：00、15：00 等典型时间上于晴天空下、以广州为项目所在地的计算条件下室内天然光照度的分布情况。如果项目所在地一年中的大部分时间并非为阴天，该计算结果至少可以说明此参考房间有必要进行遮阳。此外，应当认识到此类计算结果能说明的问题有限，若干个典型时间点上的照度绝对值计算结果并不能完全表现该项目全年内的照度分布情况。以该计算结果为例，位于广州的参考房间（无遮阳）在 12 月 21 日正午于 CIE 晴天空模型下的室内照度计算结果中最大照度超过 40000lx，该结果是否能够代表项目实际的照度分布情况（假设项目所在地 12 月 21 日正午时为晴天）也值得探讨。于 CIE 标准晴天空下进行建筑采光模拟计算的输入数据仅为项目所在地坐标，无需输入当地气候数据（如太阳直射光辐射值、天空散射光辐射值等），这些因素在一定程度上导致了 CIE 标准晴天空未能良好地反映项目所在地的地域性气候特征。实际上，就笔者的观点而言，CIE 标准天空模型（静态天空模型）下的采光分析结果更适用于多种采光方案之间的横向比较研究。

静态采光分析是目前广泛使用的采光分析方法。该分析通常以 DF 指标作为评价标准，结合遮阳分析最终确定建筑的采光方案。由于 DF 被广泛接受、针对固定遮阳装置的遮阳分析易于掌握等因素，静态采光分析方法被普遍使用。另外，该分析保证了房间在有效遮阳的同时具有一定程度的天然光照度，因此起到确保建筑采光、遮蔽太阳直射光的作用。对于基础的建筑采光分析与设计而言，静态采光分析方法在一定程度上也可以取得良好的效果。就当前建筑设计的现状而言，一套高效、易于理解的采光分析方法也有助于建筑设计负责人直观地认知建筑采光设计方案。经总结，静态采光分析的优越性在于：

1. 简单、易于掌握、广泛接受；

2. 保证房间在遮阳的同时具有一定程度的天然光照度；

参考房间在一年中典型时间上于 CIE 晴天空模型下
计算得到的室内照度分布　　　　　表 4-4

| 12 月 21 日 9：00 | 12 月 21 日 12：00 | 12 月 21 日 15：00 | 图例 |

| 9 月 23 日 9：00 | 9 月 23 日 12：00 | 9 月 23 日 15：00 | |

| 6 月 21 日 9：00 | 6 月 21 日 12：00 | 6 月 21 日 15：00 | |

3.可通过缩比模型测试、计算机模拟等多种方法开展研究。

　　静态采光分析存在的不足也有必要在此进行详细讨论。首先，静态采光分析并不能全面地考虑地域性气候因素，而实际上地域性设计已经是建筑设计时应该考虑的重要因素、影响着建筑设计的方方面面，而在静态采光分析中仅仅通过不同光气候分区中的 DF 标准值不同对其进行区分。比如相同或相近纬度的两个城市可能具有明显不同的气候特征，如果仅依据 DF 开展建筑设计则其采光效果不能够适应不同的气候特征。其次，静态采光分析的分析结果未能全面地将影响采光的诸多因素加以考虑，DF 或若干时间点上的照度分析结果无法代表建筑物的实际采光效果，较为适用于对同一空间不同采光方案的横向比较研究。再次，静态采光分析框架下无法处理动态采光 / 遮阳问题，仅能针对固定遮阳装置开展分析，但为了实现理想的采光效果，动态遮阳通常是必要的技术手段，有必要开展针对性的研究分析。经总结，静态采光分析的不足之处在于：

　　1.无法反映项目所在地的地域性气候特征；

　　2.相关分析结果不能代表实际采光效果；

　　3.无法针对动态采光 / 遮阳加以分析研究。

动态采光分析

　　所谓"动态"采光分析是针对"静态"而言的，不同于在全云天模型下求取 DF 或在其他静态天空模型下计算某一时刻的建筑内天然光照度分布等"静态"采光分析。"动态"采光分析将时间变量纳入考量，即分析建筑内天然光环境在一段时间上的变化情况。通常的方法是在年周期上以固定的时间间隔在动态天空亮度模型下开展连续的采光模拟计算，最后将采光计算结果统计分析后得到动态采光指标值，使用动态采光指标分析、评估建筑的采光效果。相比较于静态采光分析，动态采光分析的最主要优势在于可以反映出建筑内天然光在一天中以及季节间的变化程度与变化特征，由于动态天空亮度分布模型是基于项目所在地天气数据（如：太阳直射辐射值与天空散射辐射值）或其他特征构建的，因此，动态采光分析结果反映了地域性气候特征，更加能够代表项目的实际采光效果，更加科学地描述了建筑采光特性，更加能够准确地评估建筑采光性能。

　　动态采光分析是一种基于气候（climate based）的模拟分析技术，其实质是在动态天空下于年周期上分析建筑光环境，由于动态天空模型更加接近真实天况，这就使得动态采光分析需要区分项目的所在地、建筑物朝向等实际影响建筑采光的因素；且由于考虑时间变量使得在该框架下可以分析动态遮阳对于室内天然光环境的影响，这些特点使得动态采光分析可以考虑更多的实际影响因素，将使用者行为（如操作遮阳、使用时段）、使用者需求（如人体于不同时间对于光的不同需求）等因素纳入建筑采光分析。以上这些特点决定了动态采光分析的主要工具只能是计算机模拟，因为在实际光气候条件下进行测试需要耗时一年或更长，可操作性不强；实验室条件下使用缩比模型在动态人工天空下可开展测试，但动态人工天空并不普及仅有少数高水平实验室装备。据此，动态采光计算机模拟是开展动态采光分析的主要途径。凡是通过模拟开展的研究都存在模拟算法是否高效、准确的问题。经过诸多学者多年的研究探索，使用基于光线追踪算法的模拟引擎 Radiance 通过天光系数（daylight coefficient）在 Perez 天空模型下可以高效、可靠地模拟计算室内天然光照度或亮度随时间的变化情况。采光研究权威英国拉夫堡大学 Mardaljevic 教授为此项研究做出了重要的贡献，他提出的 CBDM（Climate-based daylight modeling）理论与技术方法形成了现在采用的动态采光分析技术，Reinhart, Andersen 等学者也推进了相关研究。目前，该计算模型也是动态采光模拟最广泛使用的模拟算法。在此计算模型的基础上，不同的开发者开发出了若干种动态采光模拟程序，其中 Daysim 动态采光计算程度应用较为广泛，本章所阐述的动态采光模拟计算结果均默认使用 Daysim 程序生成。

　　动态采光指标均是由动态采光模拟结果（年周期上的照度连续值）经统计后定义的，所提出的动态采光指标共计三个，包括 Reinhart 提出的"自主采光阈"（DA，Daylight Autonomy）、Mardaljevic 提出的"有效采光度"（UDI, Useful Daylight Illuminance）、Rogers 提出的"连续自主采光阈"（DA_{con}，Continues Daylight Autonomy），其中 DA、UDI 两个指标较为常用，动态采光指标替换 DF 用于评价、分析建筑采光效果是采光研究的发展趋势，并已经在国际上得到了广泛的应用。该内容本章将做重点讲述，希望有助于推广动态采光指标的认知与采用。

5.1 动态采光指标

　　人们对于动态采光指标较为陌生。这种情况是由诸多因素造成的。一方面，国内各大建筑院系均未在建筑学本科生阶段教授动态采光相关内容，更没有介绍动态采光指标，这使得动态采光的概念并未被大多数建筑师熟悉；另一方面，动态采光指标出现距今不过十余年，相对于广为人知的 DF 而言是一种"新"指标，推广与普及尚需时日，当然动态采光分析的普及也有赖于建筑界对于采光的重视程度是否加强。

　　在介绍动态采光指标之前，首先需要明确两个问题：指标的取值点以及取值的时间范围与时间间隔。

　　指标的取值点与静态采光指标相同，对于照度值而言，通常采纳工作面照度（workplane illuminance）的概念，即民用建筑使用距离地面 0.75m 平面上的照度（照度方向垂直向上）；对于工业建筑通常取距离地面 1m 的平面；对于公共建筑则可直接在地面取值。取值点之间的间距可以根据需要设置，通常建议使用 0.5m×0.5 m 的间距（或其他合理值），点阵密集则计算量更大、生成结果的速度慢。对于某些需求模拟某平面亮度值的情况而言，则需要根据具体情况设定取值点。比如研究显示屏平面上亮度对比的情况，则将显示器所在垂直平面设定为取值平面，取值点范围为显示器屏幕范围；如果研究对象是视野范围内的亮度对比值，则也应将取值点范围做相应调整，此时亮度值的方向应呈水平方向面向使用者。

　　时间是动态采光中重要的参数，也是静态采光分析中未涉及或少涉及的因素。动态采光是在时间轴上连续取值，对于如何设定一个合理的时间范围，即如何设定使用时段这个问题，可以根据不同的建筑物及其使用情况而确定。如办公建筑的常规使用情况是每日 8：00 ~ 18：00，超过 18 时已经过了下班时间，且室外通常已经较暗继续分析天然光环境已无意义；当然对于一些建筑（图书馆等）将采光分析的时段设定为 9：00 ~ 17：00 也是合理的；对于教学楼等类型的建筑则也可以选择每日 8：00 ~ 18：00，但应该注意剔除寒暑假时间；这些时间范围的设定有助于根据建筑的常规使用情况准确地对使用时段内的天然光环境做出统计分析并最终得出采光指标值，在进行动态采光分析时有必要对选择的时间范围做出说明，如果未做说明则默认为每日 8：00 ~ 18：00。在进行动态采光模拟计算时还需要选择时间间隔，也就是计算的时间步长，典型年周期天气数据的时间间隔为 1 小时（整点时刻），该数据代表该小时内太阳辐射的平均值，目前使用的时间步长如 6min、10min、15min、30min 等均是使用整点天气数据通过算法计算生成的，在开展计算时可以根据需求选择不同的时间间隔。

与 DF 不同，动态采光指标的实质均为统计房间全年使用时段上可以仅依靠天然光的时间占比，即房间中某位置工作面上仅依靠天然光照明可以进行工作的时间占全年工作时间的比例。

5.1.1 自主采光阈（DA）

自主采光阈（DA，Daylight Autonomy），它是房间中某一位置一年中在使用时段内工作面照度超过某一目标照度值的出现频率。比如：某房间中位置 A 一年中（每日使用时间：8：00 ~ 18：00）工作面照度 E_A 超过 300lx（$E_A \geqslant 300lx$）的时间占全年使用时间的比值为 50%，则 A 点的 DA 指标值可标记为 $DA_{300lx} = 50\%$。

以一个较短的时间段（一天）为例说明 DA，图 5-1 所示的是曲线为某房间中位置 A 在一天之中的照度变化情况，如果选择目标照度值为 500lx，则使用时段（8：00 ~ 18：00）中工作面照度超过 500lx 的时间占比为 57%，因此位置 A 上的 DA_{500lx} 为 57%；如果选择目标照度值为 300lx，而位置 A 上工作面照度超过 300lx 的时间占比为 100%，则 DA_{300lx} 为 100%。目标照度值可根据不同作业对照度需求的最低值进行设定，但在 DA 指标中务必加以说明或注明，否则无法准确判断 DA 指标的具体含义。

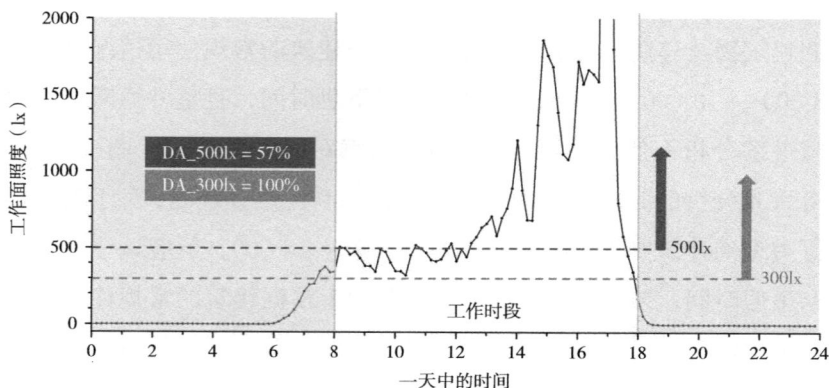

图 5-1 DA 说明配图

天然光环境是连续变化的，在动态采光思维下，工作面照度超过某一目标值的频率可以用于说明该位置上的天然光环境充足。相比于静态指标，这种统计出现频率的概念在科学性上更进一步。由此自然可以联想到一个问题：既然工作面照度超过某值的出现频率可以用于说明天然光环境是否充足，那么如何量化说明这种"充足"？如果我们将采光充足的区域称为"有效采光范围"，如何科学量化地定义有效采光范围？这并非一个简单的问题，在静态采光体系下无法准确定义。在单侧窗采光的房间中人们通常的体验是近窗的区域采光充足，大进深区域则采光不足；相同的开窗，南向侧窗的有效采光范围势必大于北向侧窗。在静态采光分析中如果使用DF 低于某值（如光气候Ⅲ区的办公建筑 DF < 2%）定义有效采光范围，则不免陷入东西南北向侧窗的有效采光范围相同，出现同处于光气候Ⅲ区的北京和西安分析结果一样的情形。对于如何使用 DA 指标定义有效采光范围，Reinhart，Rakha，Weissman 等学者在多地针对多所建筑开展了调研工作，其研究方法为选择该房间的长期使用者为调查对象，令其在房间的平面图上绘制出自己认为的"采光充足区域"，即在超过 75% 日间工作时段仅依靠天然光就可以进行作业的区域范围；如果某范围内仅约 25% 日间工作时段可以依靠天然光进行作业，则将其视为"采光部分充足区域"。将此主观认知数据与该房间的动态采光模拟结果 DA 值的分布情况进行对比，经过大样本的比较研究后，得知：不低于 $DA_{300lx}[50\%]$ 的区域可以被认作是采光充足区域，即有效采光区域（300lx），而高于 $DA_{150lx}[50\%]$ 的区域可以被认作是采光部分充足区域。当然，将超过 $DA_{300lx}[50\%]$ 的区域视为有效采光范围这一结论是建立在使用者认可 300lx 是一个良好的照度水平基础之上的。图 5-2 所示的是某房间的 DA_{300lx} 指标值分布情况，以及基于 $DA_{300lx}[50\%]$ 定义的有效采光范围。对于单侧窗而言，有效采光范围的进深长度就是侧窗的有效采光进深。

同一个房间有无遮阳时，其室内光环境会存在差异。前文中论述过 DF 指标不能很全面地反映房间有无遮阳所带来的差异，但 DA

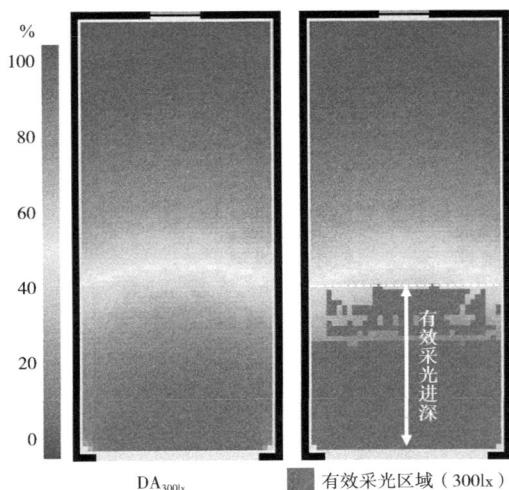

图 5-2　有效采光范围

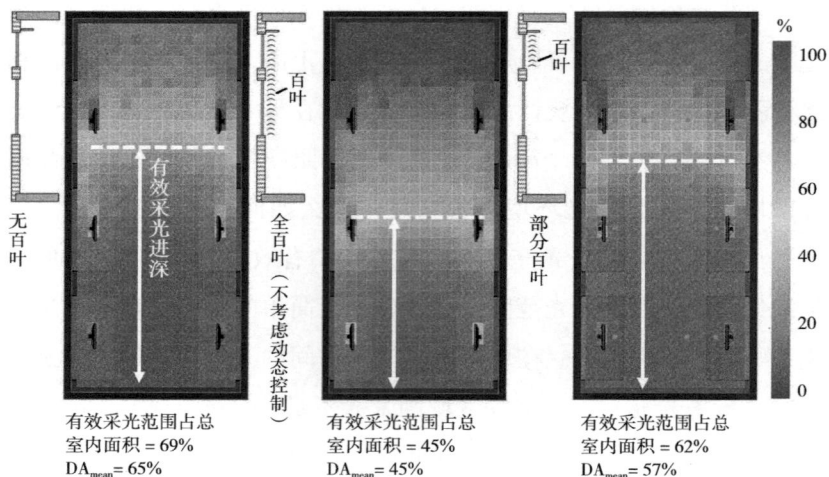

图 5-3　不同遮阳方案对应的 DA 分布

可以良好地反映有遮阳房间的室内光环境。以百叶遮阳（暂不考虑动态控制）为例，图 5-3 所示的是同一南向侧窗采光办公室未安装百叶、全部覆盖百叶、窗上部安装百叶三种情况时对应的室内 DA 分布情况，由图中可知：未安装百叶的房间有效采光面积占比 69%，即大于等于 DA$_{300lx}$[50%] 的面积占室内面积的 69%，其余两张情况分别占比 45% 和 62%，该结果说明了不同采光方案对应着不同有效采光范围。需要注意的是基于 DA 定义的有效采光范围中可能存在过度采光的问题，比如图中无遮阳的侧窗，虽然采光范围较之有遮阳的情况大，但不难判断其有效采光面积中很大一部分可能出现照度过高、眩光等不适宜作业的情况。由于 DA 指标代表的是超过某目标值的概率并未限制上限，因此 DA 可以准确描述建筑采光能力，但与此同时并未对过度照明区域加以区分。

　　基于 DA 指标可以非常准确地建立建筑照明能耗分析模型，假定某空间内正常作业对于照度的要求为 E$_a$（lx），则该空间内 DA_E$_a$ 指标大于 50% 的区域可视为有效采光区域，其余区域则需要补充人工照明。以图 5-4（a）DA_500lx 计算结果为例，视 DA_500lx [50%] 为有效采光范围的界限，图中红色图形下的投影范围为有效采光区域，蓝色图形下的范围则在日间部分时段需要开启人工照明。在本案例中假定所使用的人工照明灯具为仅具有开关控制功能的灯具，考虑到照明能耗分析模型的简化，不考虑具有可调光功能的灯具。对于 DA 值小于 50% 的区域，假设某灯具 A 照明范围为区域 B，则

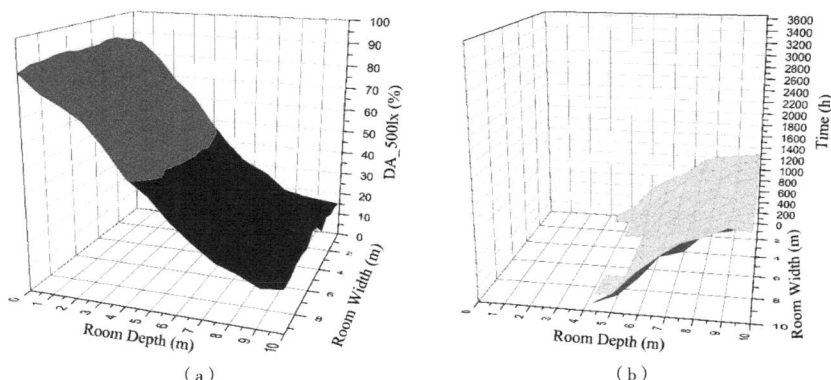

图 5-4 某房间 DA_500lx 分布图与对应的年度人工照明累积时数分布

区域 B 内的工作面上 DA_500 指标值与 0.5 的差值反映灯具 A 的年度累积开启时间 H（小时），当 DA 大于 0.5 则 H=0，其他情况下 H=（0.5-DA）×365×10，图 5-4（b）为该房间所需人工照明时数分布图，该房间的使用时段内照明能耗 E 为：

$$E = \sum_{i=1}^{n} C_i \times D^2 \times H_i$$

式中：

D 为模拟计算网格间隔长度；

C_i 为计算网格 i 上的照明功率密度；

H_i 为计算网格 i 上人工照明累积开启时间。

照明能耗功率密度（LPD）与某计算网格上使用光源（发光效率）、灯具安装高度、目标照度值等因素相关，具体可根据相关标准值进行设定。当认为室内照明为均匀照明理想状态，即各位置上照明能耗相同，则照明能耗 E 简化为：

$$E = S \times \overline{H} \times C$$

式中：

S：需人工照明面积（m^2）；

$\overline{H}$：人工照明平均开启时间（h）；

C：照明功率密度均值（W/m^2）。

5.1.2 有效采光度（UDI）

有效采光度（UDI，Useful Daylight Illuminance）是由 Mardaljevic 和 Nabil 于 2005 年提出，所谓"有效采光（照）度"是指对于使用

者而言有用的照度水平范围，小于 100lx 被认为太暗，大于 3000lx 又太亮、容易导致视觉不舒适以及过热等，介于 100lx 与 3000lx 之间则可认为是对于作业"有效"的照度。从该名称就可以得知该指标的构建是为了表示有效采光范围出现时间占总使用时间的比例。由此，UDI 通常需要使用三个指标进行表达，即 $UDI_{<100}$，$UDI_{100-3000}$，$UDI_{>3000}$；其中，$UDI_{<100}$ 表示过暗情况的出现频率，即一年中房间内某位置工作面照度低于 100lx 在工作时段内的出现频率；$UDI_{100-3000}$ 表示有效采光出现的频率，即一年中房间内某位置工作面照度介于 100lx 与 3000lx 之间的出现概率；$UDI_{>3000}$ 表示过亮情况的出现概率，即一年中房间内某位置工作面照度超过 3000lx 的出现概率。

以图 5-5 所示的情况进行说明，图中为一天中（为了方便说明将时段由原本的一年缩短至一天）某位置上工作面照度随时间变化图，在工作时段内（8：00 ～ 18：00）$UDI_{<100}$ 为 27%；$UDI_{100-3000}$ 为 61%；$UDI_{>3000}$ 为 12%；其中 $UDI_{100-3000}$ 是最重要的结果，在分析建筑采光、评判光环境优劣时主要依据该数值的多少。在一个房间中，使用 $UDI_{100-3000}$ 大于等于 50% 的面积占整个房间面积的比值是一种科学的评价方法。由于设置了上限值，UDI 弥补了 DA 无法区分过亮区域的不足，因此 UDI 指标在科学性上更近一步，使用 UDI 替代 DF 用于建筑采光分析是值得提倡与推广的。

5.1.3　连续自主采光阈（DA_{con}）

连续自主采光阈（DA_{con}，Continuous Daylight Autonomy）由 Rogers 提出，DA_{con} 与 DA 的定义相似，但 DA 指标使用的目标照

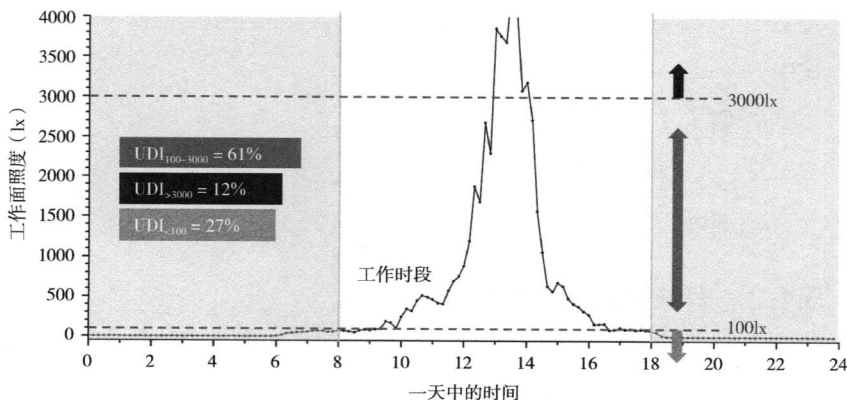

图 5-5　UDI 说明配图

度值为固定值（如 300lx 或 500lx），DA_{con} 允许将固定的目标照度值向下调整一定范围，如下降到目标照度值的 80%，这种设定具有一定的合理性，统计产生动态采光指标值时的界限值变得更有弹性而非"一刀切"，实际上人眼对于光环境有一定的适应区间，并非一个固定的照度值将其分为"足够"与"不足"。

5.1.4 年累积照度（ALE）、年日照时数（ASE）

年累积照度（ALE, Annual Light Exposure）与年日照时数（ASE, Annual Sunlight Exposure）这两个指标具有相似之处但又有不同的定义与用途。两个指标都属于动态采光指标，均在年周期上分析空间中某点得到光线的数量，但两者用途不同，前者通常用于保护展品，后者则主要用于评价视觉不舒适程度。

年累积照度（Annual Light Exposure）这一指标在博物馆等对于光线较为敏感的建筑空间中已经有所使用，该指标的定义为：房间中某一点一年中可见光照度的累计值，单位为 lx hours / year。这个指标尤其适用于保护容易受到光线损害的物品，如画作、纸、丝织品、彩绘、漆器、陶器等。CIE 第三分部文件 TC3.22 "Museum lighting and protection against radiation damage" 中推荐使用年累积照度这一指标保护诸多艺术品，需要说明的是该指标的取值时间段为全年，即每天 24 小时，一年 365 天。如某博物馆规定某宋代绘制的青绿山水图轴（由于使用矿物颜料易受光褪色），一年中至多展出 4 周，每周展出 6 天，每天展出不超过 7 小时，且该画上的照度不得超过 75lx。此情况下该展品展位处的年累积照度则不应超过 12600lx hours / year。天然光环境下的年累积照度可以通过动态采光模拟求取。

年日照时数（Annual Sunlight Exposure）的定义是一年中房间中某点接受到的太阳直射光照度超过某限值的累积出现时间（小时数）。比如 $ASE_{1000lx, 250h}$ 的意思是房间中某一点一年中所接受到的太阳直射光照度超过 1000lx 的累积时间为 250h。年日照时数指标通常可使用 1000lx 为太阳直射光照度的限值，记做 ASE_{1000lx}，单位是 h。该指标仅统计太阳直射光数量，这也使得该指标虽然由直射光的照度值定义，但主要用于评价该位置上的视觉舒适程度，因为天然光环境下的视觉不舒适问题常常是由于过亮的太阳直射光形成的眩光导致的（注：ASE 是在年周期上评价视觉舒适度的指标之一，仍存在其他诸如 annual DGP 等在年周期开展视觉舒适度评价的指标）。ASE 也是较为常用的一个动态采光指标，可以通过动态采光模拟计算得出，$ASE_{1000lx,\ 250h}$ 指标值就常用于评价建筑遮阳设计是否达标，ASE 指标用作标准评价建筑采光效果在章节 5.3 中做详细讲述。

5.2　采光分析与指标比较

5.2.1　动态采光模拟简介

获取动态采光指标、开展建筑采光分析主要的途径是计算机模拟。动态采光模拟是一个宏大而复杂的问题，限于本书的立意不在此做详细的介绍说明。对于大多数需要开展采光分析的人员而言只需要正确掌握模拟软件的操作即可，但也有必要指出掌握软件的操作不等同于掌握了相关研究方法，这也是国内建筑物理研究生培养中存在的一个问题。

Daysim 是目前最广为接受的动态采光模拟软件，主要由采光领域的专家 Reinhart 领导开发，目前 Daysim 除了开发有自身的 UI 界面还作为动态采光模拟计算引擎在其他建模或建筑能耗分析平台中应用，图 5-6 是 Daysim3.0 基于 JAVA 开发的 UI 界面，该界面不具有建模功能，需要将事先建立完成的 3D 模型导入，编辑表面材质，导入计算网格 .pts 文件后开始模拟计算的设置。整体而言，Daysim 软件操作步骤简单，易于上手，有兴趣的读者可以自行了解相关信息。

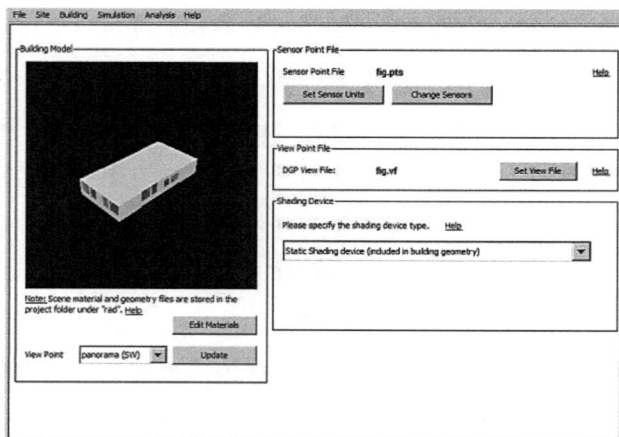

图 5-6　基于 JAVA 的 Daysim 应用界面

动态采光模拟是在动态天空亮度分布模型下开展的，Perez 天空模型是目前模拟程序中广泛使用的一种动态天空模型。Perez 天空的全称为"全天候天空亮度分布模型（all weather model for sky luminance distribution）"，它是大气物理学家 Richard Perez 等人于1993 年提出的，由于该模型的主要提出者为 Perez，因此简称"Perez 天空模型"。从名称即可知 Perez 模型与表征某一种天况的静态天空模型（如 CIE 标准天空）不同，全天候的意思即为可表征任意天况时天空亮度的分布状态。因为具有这种特征，决定了 Perez 模型是一种动态天空模型。输入某时段、某地区的天气数据（包括位置坐标、时间、太阳直射辐射值、天空漫射辐射值）后 Perez 模型中的天空亮度分布随时间变化。Perez 模型下开展动态采光模拟的准确程度在一定程度上得到了国内外诸多验证研究的肯定，当然其计算结果的准确程度也受到多方面因素的影响，如 Radiance 参数设定与输入的天气数据等。

静态采光分析不依赖天气数据，但天气数据对动态采光模拟结果则有直接影响。为了表示某一地区的气象特征，通常需要综合一个地区多年的气候数据经统计整理后得出。我国建筑能耗模拟采用的天气数据主要有 CSWD、CTYW、IWEC 和 SWERA 等几类。CSWD 天气数据（China Standard Weather Data）是清华大学与国家气象局将中国 270 个地面气象站 1971 ~ 2003 年的实测气象数据整理得出的，但其中太阳辐射数据并非实测得出。CTYW（Chinese Typical Year Weather）天气数据来源于国际地面观测数据，但其中与采光息息相关的太阳辐射数据是由计算推导得出且数据频率偏低（3 小时 / 次），通常不建议用于采光模拟；IWEC 天气数据（International Weather for Energy Calculation）来源于美国国家气象数据中心，其中的太阳辐射数据采用云量等气象数据计算得出。SWERA（Solar Wind Energy Resource Assessment）天气数据来源于联合国环境项目。这里主要介绍一下典型气象年（TMY，Typical Meteorological Years）的概念，TMY 天气数据以近年的天气数据为基础，从近年的资料中选择一个"典型年"，该年中各月接近年平均值。由于选择的月平均值在不同的年份，导致数据不连续，还需要进行月间平滑处理。现今，TMY 天气数据已经发展了三代，分别为 TMY、TMY2、TMY3。截至 2013 年有将近 2000 个 TMY3 天气数据文件可供下载。

四个城市 1991 ~ 2010 年的 TMY3 气候数据（月均太阳辐射数据）　　表 5-1

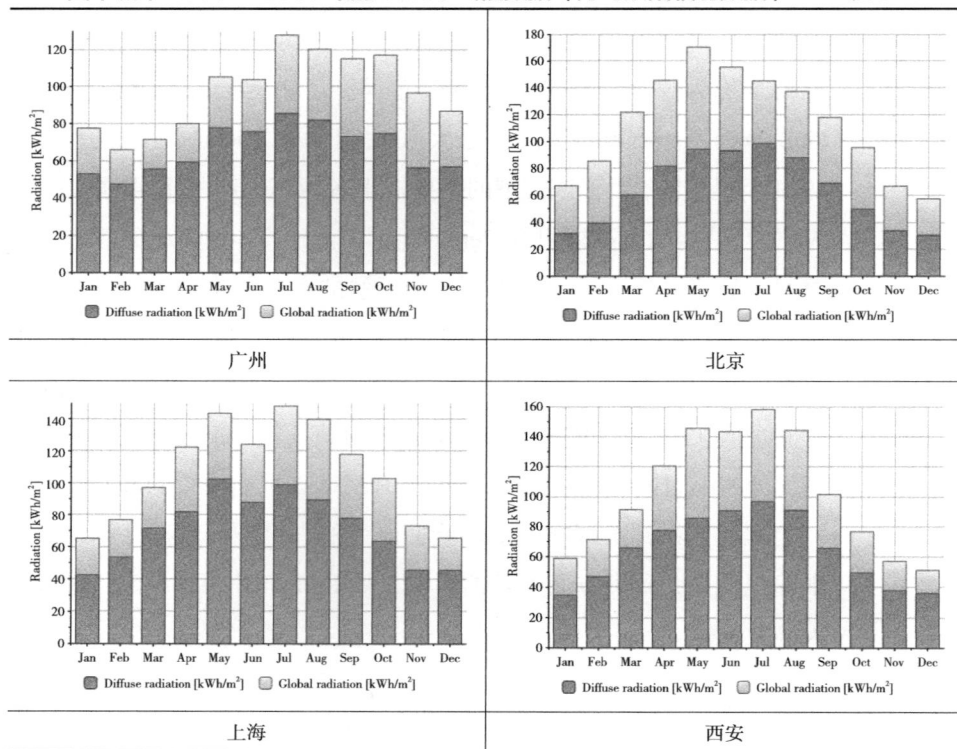

广州

北京

上海

西安

表 5-1 所示的是我国四个城市的 TMY3 月度平均太阳辐射数据。当然，有条件的研究机构也推荐自行搭建气象站开展太阳辐射数据的观测收集，相关实测数据应用于当地的动态采光模拟将会得到更为准确、更具代表性的结果。

由于动态采光分析使用项目所在地的天气数据，光气候分区的概念在此处已无使用的必要，因此，动态采光分析框架下无需再开展有关光气候分区如何划分的讨论。

5.2.2　固定遮阳案例分析

采光指标是衡量建筑采光性能的度量衡，选择合理的采光指标对指导采光设计、分析照明能耗具有关键作用。本章节将针对动态采光指标 DA、UDI 和静态指标 DF 进行三者之间的比较分析，以期说明其特点。

如图 5-7 所示，以一个 4 层建筑的 3D 简模为研究对象，该建筑（参考方案）平面为方形、中间开中庭，具体的形状与尺寸内墙、屋顶、地面以及室外悬挑的反射率分别为 0.50、0.70、0.03 和 0.70；

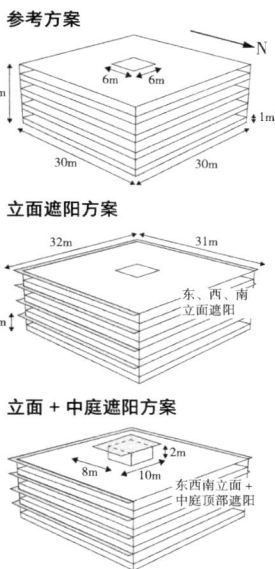

参考方案

立面遮阳方案

东、西、南
立面遮阳

立面 + 中庭遮阳方案

东西南立面 +
中庭顶部遮阳

图 5-7　研究模型

该建筑的四个立面上均安装 1.7m 高的窗户，窗台距地板 1m，窗玻璃的综合透光率为 0.74。该参考方案并无安装任何遮阳装置，在该参考方案的基础上给出了立面遮阳方案，即在东、西、南立面的层间挑出长度 1m 的悬挑做遮阳板。此外，又给出了立面 + 中庭遮阳方案，即在东、西、南向立面遮阳的同时在天井上安装了遮阳，其安装高度在天井顶部高度以上 2m，尺寸为 8m×10m。

以广州市为项目所在地对三个研究模型开展采光模拟计算。DF 模拟在 CIE 标准全云天下进行，动态采光模拟时使用广州地区 TMY3 天气数据文件作为动态模拟输入天气文件。以该建筑模型底层上 0.75m 的平面为取值面，三个采光指标的模拟计算结果如图 5-8 所示。

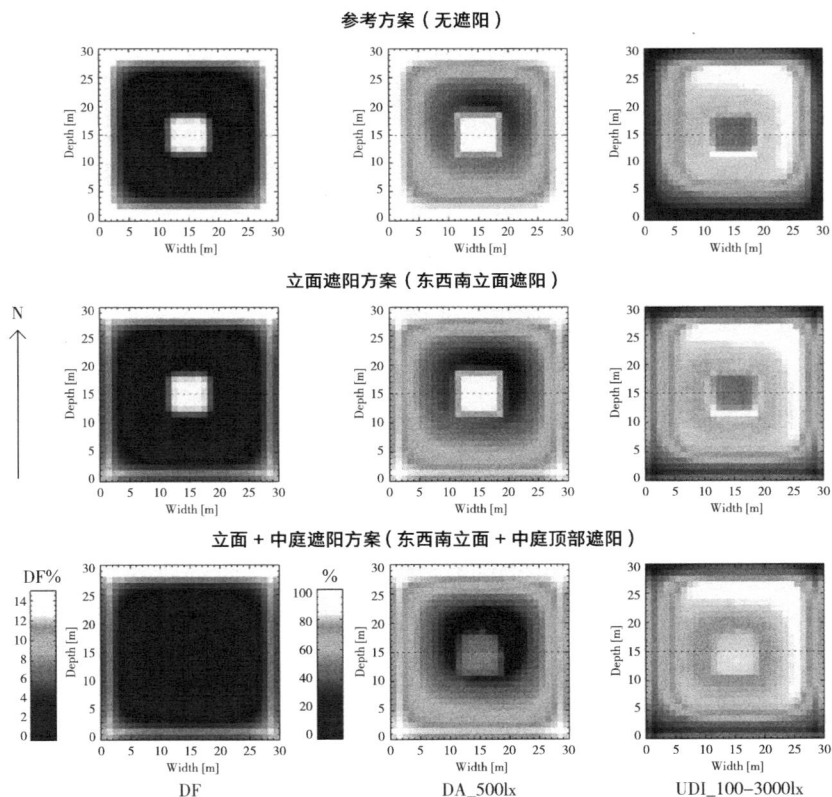

图 5-8　采光指标模拟结果

首先，从 DF 的分布情况分析，无遮阳的参考方案中四个朝向上的采光系数分布情况相同，近窗部分的 DF 值明显高于大进深区域，尤其是在拐角的区域，在距离侧窗约 2m 的位置采光系数高于 10%，随着进深的增大 DF 下降，直到距离天井边缘约 1.5m 处达到最低值，而后迅速升高，而天井处的采光系数最高达到了 13%。如果以 2% 作为 DF 的标准，该方案中绝大部分面积均超过了 2%。对于在东、西、南向立面通过悬挑进行遮阳的情况，遮阳使得 DF 降低，距离侧窗 2m 的位置 DF 约为 5.5%，较之于无遮阳的参考方案明显降低，但整个平面绝大部分面积上的 DF 依旧高于 2%；对于天井上方安装遮阳的方案，天井下方的 DF 显著降低，由没有遮阳时的 13% 下降至不足 2%，天井周围区域上由于进深较大，该区域 DF 为 1% 左右。

其次，针对 DA 的分布分析，本计算使用 DA_{500lx} 指标以每日 8：00 ~ 18：00 为使用时段开展模拟分析。对于没有遮阳的参考方案，绝大部分面积上的 DA 高于 40%，意味着一年中超过 40% 的时间可以仅依靠天然光进行照明。进深 2m 范围内 DA 值超过 80%，天井下方的 DA 值也超过 80%；和 DF 相同的是 DA 随进深增大而下降，但是与 DF 的不同之处在于，不同朝向上的 DA 分布不尽相同，北向空间的 DA 低于其他朝向。最低值（约 37%）出现在偏北、东北方向进深较大的区域。对于东、西、南向有遮阳的情况，DA 值出现了一定的降低，最大值（80%）出现在距离侧窗 2m 的位置上。不同朝向上 DA 分布差异更加明显，原本 DA 偏低的偏北、东北进深较大区域的 DA 值进一步降低，最低值降至 25%；天井上方加了遮阳对于天井下的采光产生了明显的影响，天井下方的 DA 值从没有遮阳时的 80% 下降至了 50%，虽然在数值上是明显的下降，但 DA>50% 属于有效采光范围，是适宜办公作业的区域，这点上与 DF 的结果截然不同（DF 从 13% 降至 1%）。

最后，从 UDI 的分布情况上看，依据 UDI 指标所表示出的有效采光范围与基于 DF 或 DA 指标选择出的有效采光范围（达标范围）有较为明显的差异。差异主要来源于两个方面：1. UDI 指标的下限值为 100lx，这点上与 DA 指标默认的 500lx 不同，也不同于 DF 设定的 2% 下限（实际上两者不可直接比较）；2. UDI 设置了上限值 3000lx，即认为照度超过 3000lx 则不适宜作业，不能算作有效采光范围，易产生视觉不舒适或导致过热，而无论 DF 还是 DA 均未考虑上限值，也就是说基于 DF 或 DA 选择的有效采光范围（达标范围）中有可能存在一部分区域是过度照明而不适宜使用的。从图中结果可知，有遮阳的方案其有效采光面积大于未遮阳的方案，对于没有遮阳的方案，其近窗区域以及天井正下方区域由于过度照明并未计入有效采光范围（或称可利用时间不长）。由以上比较分析可知，三个采光指标用于分析建筑采光所得到的结果存在差异，使用 UDI 替代 DF 是值得在国内建筑界推广的。

5.2.3 动态遮阳案例分析

动态遮阳（如可调节的百叶）可以调节室内光环境，图 5-9 所示的是晴天时百叶的不同状态所对应的室内光环境，可以清楚的看出百叶状态给建筑光环境带来了明显的差异。只要明确控制百叶的规则（如基于眩光指标、工作面上直射光辐射强度、照度等的控制方案），就可以根据不同百叶状态所对应的室内照度分布情况"拼合"出年周期上考虑动态遮阳控制后的动态采光结果，并能够将动态遮阳作为影响采光的因素之一加以分析。

选择某南朝向侧窗采光教室作为参考房间，以此房间为基本模型比较研究不同立面形式的采光表现，参考房间如图 5-10 所示，该房间进深 7.64m，仅有两扇单侧窗，窗上沿距地面 2.5m，下沿距地面 0.8m。参考房间中测量点距地面 0.8m，间距 1.0m 共 3 排，近处取值点进深 2.0m，远处取值点进深 6.0m。如图 5-11 所示，将 4 种具有相同遮阳效果的立面形式作为研究对象，4 个立面均朝南向，其中 A 为参考立面，开窗部分通高安装百叶；B 为安装了悬挑遮阳的

图 5-9　动态遮阳（百叶）对室内光环境的影响

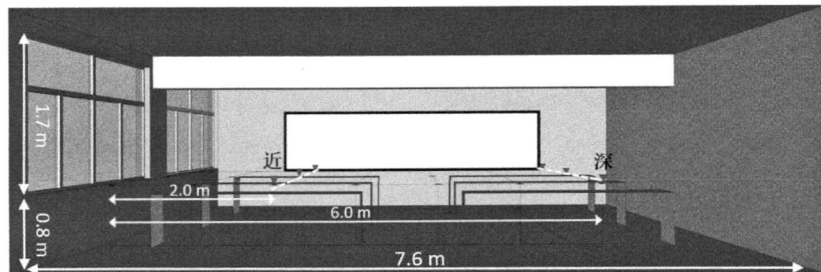

图 5-10　参考房间

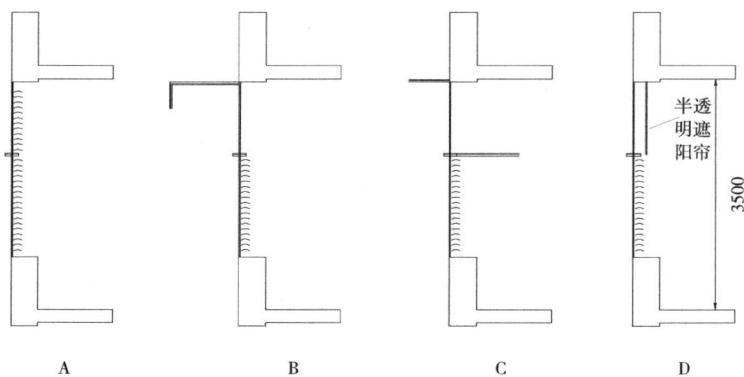

图 5-11　四种立面形式

立面，窗下半段安装百叶；C 为在侧窗上沿外侧安装遮阳板，中段室内侧安装反光板，窗下半段安装百叶；D 为在侧窗上半段安装半透明遮阳帘，下半段安装遮阳百叶。房间的墙面、屋顶反射率为 0.80，地板反射率为 0.30，窗玻璃透光率为 0.55，悬挑遮阳的表面反射率为 0.75，反光板的反射率为 0.85，半透明遮阳帘的透射率为 0.20。

遮阳百叶正反面反射率均为 0.50，百叶宽 0.03m、间距 0.027m，当不考虑动态控制时（包括计算 DF 时）百叶默认角度为水平；当考虑动态遮阳时，百叶的状态分为三种：全开，百叶水平；半开，百叶角度与水平面夹角为向下 40°；关闭，百叶角度与水平面夹角为向下 85°。百叶的动作规则为当房间内工作面上直射光辐射强度超过 50W/m² 时百叶调整状态，直至工作面上直射光辐射强度低于 50W/m²。该动态采光指标的取值时段为每日（8：00 ~ 18：00），计算步长为 1h。

针对 DF、DA、UDI 等不同指标的模拟结果如表 5-2 所示，根据不同指标的采光性能排序结果在表 5-3 中列出。根据以上的结果可知：使用 DF 指标进行方案择优时，4 种立面类型采光能力的排序结果为 A > C > B > D，该结果说明仅在天空漫射光情况下分析建筑采光问题时采光口面积大且遮挡较少的立面类型占有优势；当使用 DA 或 UDI 等动态采光指标时，分析结果的排序为 C > D > A > B，该结果与使用 DF 指标的结果不同，说明当考虑到立面的朝向、遮阳设计、使用者行为控制等因素时，建筑采光设计的评价结果与使用 DF 指标存在明显差异，进一步说明建筑侧窗的采光设计并非开窗面积越大越好，在进行采光设计时应该做到具体问题具体分析，充分考虑地域性光气候特征、建筑场地环境、立面朝向、固定遮阳、动态遮阳等因素，以确保室内光环境在更多的时间内可以达到理想效果。

采光指标计算结果 　　　　　　　　　　　　　　　　　　　　　　　　　　表 5-2

对象		A		B		C		D	
立面		参照		外遮阳		内外遮阳		半透遮阳帘	
朝向		南		南		南		南	
取值位置		近	深	近	深	近	深	近	深
采光系数 / DF		4.3	0.4	2.4	0.2	3.1	0.2	2.1	0.2
自主采光阈 / DA	DA_{300lx}（未考虑动态遮阳）	88%	6%	64%	0%	82%	0%	65%	0%
	DA_{300lx}（考虑动态遮阳）	78%	1%	72%	0%	89%	6%	81%	0%
有效采光度 / UDI（考虑动态遮阳）	UDI < 100	17%	60%	38%	84%	14%	19%	17%	43%
	100 < UDI < 3000	65%	40%	45%	16%	67%	81%	58%	57%
	UDI > 3000	18%	0%	17%	0%	19%	0%	25%	0%

立面排序结果 　　　　　　　　　　　　　　　　　　　　　　　　　　表 5-3

指标 / metric	第一 /1st	第二 /2nd	第三 /3rd	第四 /4th
采光系数 / DF	TYPE A	TYPE C	TYPE B	TYPE D
自主采光阈 / DA	TYPE C	TYPE D	TYPE A	TYPE B
有效采光度 / UDI	TYPE C	TYPE D	TYPE A	TYPE B

5.3 采光标准

此处论述的采光标准是指基于动态采光指标所建立起来的建筑采光评价体系，比基于 DF 的标准具有先进性，本章节所述标准内容主要依据 2013 年颁行的 IES LM–83–12 标准，IES 标准是北美照明工程学会（IESNA，Illuminating Engineering Society of North America）所颁布的标准。IES LM–83–12 标准中主要通过 sDA 以及 ASE 指标对建筑采光进行规定。

5.3.1 采光阈占比（sDA）

采光阈占比（sDA，spatial Daylight Autonomy）是指有效采光范围占房间总面积的比率。有效采光范围的概念在章节 5.1.1 中已经进行了介绍，简言之 sDA 即房间内 $DA_{300lx} \geqslant 50\%$ 的区域占房间总面积的比值。北美照明工程学会采纳了基于自主采光阈（DA）指标定义的有效采光范围这一概念用于评估建筑采光能力的优劣。

IES LM–83–12 标准中对于 sDA 的说明如下：推荐使用 $sDA_{300lx, 50\%}$ 指标用于分析房间采光是否充足，进行分析时的光气候条件为典型气象年（TMY）数据，时间范围（使用时段）为每天 8：00 ~ 18：00。

标准中设定了"良好""合格"两个级别的 $sDA_{300lx,\,50\%}$ 指标标准值，规定如下：

如果界定某空间采光"良好"则要求：$sDA_{300lx,\,50\%}$ 必须等于或超过 75%；即某房间中不少于 75% 的面积上的 $DA_{300lx} \geqslant 50\%$。

如果界定某空间采光"合格"则要求：$sDA_{300lx,\,50\%}$ 必须等于或超过 55%；即某房间中不少于 55% 的面积上的 $DA_{300lx} \geqslant 50\%$。

sDA 指标的定义易于理解、科学合理，比基于 DF 的采光标准具有先进性，且目前诸多建筑采光设计标准中使用 DF_{mean} 指标而非房间中 $DF \geqslant 2\%$ 的面积占房间总面积的比值，使用 DF 平均值的做法不可取。使用 sDA 指标评价建筑采光是否充足的标准值得在国内推广。

采光分析人员可以使用 sDA 横向比较不同设计方案的采光能力大小，也可以用于分析设计方案是否满足标准要求。图 5-12（a）中 $sDA_{300lx,\,50\%}$ 为 68.5%，意味着其办公空间中有 68.5% 的面积在使用时段中超过一半的时间天然光照度超过了 300lx，换言之这部分区域采光充足，而下图中安装了遮阳板的教室 $sDA_{300lx,\,50\%}$ 为 54.3%，这一位置该空间中 54.3% 的面积为有效采光区域。按照 IES 标准中的规定，$sDA_{300lx,\,50\%}$ 介于 55% ~ 75% 可属于采光设计合格范围，因此可以判定（a）中房间采光设计合格，（b）中的房间采光效果未能达到标准中的规定。

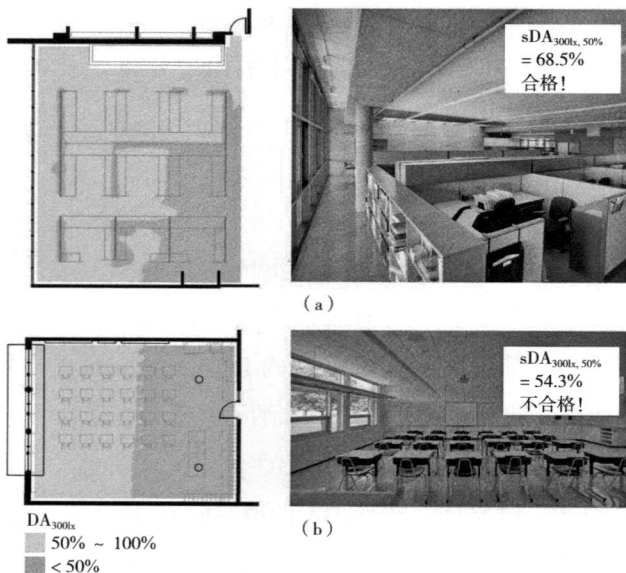

图 5-12　sDA 评价房间采光示例

5.3.2 年日照时数（ASE）

累积日照时数（ASE, Annual Sunlight Exposure）的定义在 5.1.4 中进行了介绍，某房间某位置上的 ASE 即一年中使用时段上太阳直射光照度超过某限值的累积出现时数（单位：小时）。IES 标准中应用 ASE 的做法分析房间中 ASE 超过某限值的面积占房间总面积的比值。IES 标准中选用 $ASE_{1000lx, 250h}$ 为标准值，其含义为房间中 ASE_{1000lx} 指标超过 250 小时的面积（$ASE_{1000lx} \geqslant 250h$ 的面积）占房间总面积的比值。与 $sDA_{300lx, 50\%}$ 一样，$ASE_{1000lx, 250h}$ 也是一个面积比值的概念。IES LM-83-12 标准中对 ASE 标准值的说明如下：ASE 是用于衡量室内工作环境中潜在的视觉不舒适程度的指标，推荐使用 $ASE_{1000lx, 250h}$ 指标在考虑可操作的遮阳或百叶进行遮蔽太阳直射光之前分析房间太阳直射光入射情况，计算 $ASE_{1000lx, 250h}$ 指标的时间范围（使用时段）为每天 8：00 ~ 18：00。

分析某建筑的 sDA 指标时应该同时取值 ASE，ASE 应该被视为一个相关的参考，当 ASE 指标划定的太阳光直射面积较小时可以被认为是一种较好的情况，当太阳直射面积较大时则很可能出现视觉不舒适以及过热等问题。IES LM-83-12 标准中并未明确给出 $ASE_{1000lx, 250h}$ 指标评价视觉舒适度的标准值，但在讨论部分中提及了超过 10% $ASE_{1000lx, 250h}$ 的情况可以被认作视觉舒适度不能令人满意，当小于 7% $ASE_{1000lx, 250h}$ 的情况可以被认为视觉舒适度是中性的可被接受，当小于 3% $ASE_{1000lx, 250h}$ 可以明确地说视觉舒适度是令人满意的。使用 $ASE_{1000lx, 250h}$ 指标评价房间的视觉舒适程度还需要进一步地开展验证研究，目前，该指标作为分析建筑采光时的一个参考量值是具有一定作用的，但也有必要指出，视觉舒适度问题是一个较为复杂、不易准确评价的问题；除了 ASE 等指标外，学界还提出了其他视觉舒适度指标，这些指标的验证研究开展较为广泛。

如图 5-13 所示的案例，（a）为某使用侧窗采光的教室，窗上室外侧有悬挑遮阳、室内侧安装了遮光板；（b）为同一教室但侧窗上未安装遮阳或反射光线的装置。由图中所示的 sDA 以及 ASE 计算结果可知，安装了遮阳与光线反射装置的侧窗较之未遮阳侧窗的 $sDA_{300lx, 50\%}$ 指标高且 $ASE_{1000lx, 250h}$ 指标低，以上两个指标均说明安装了遮阳与反光装置的侧窗采光效果优于未考虑遮阳的侧窗。在进

教室（窗外悬挑遮阳 + 反光板）

教室（无遮阳）

54.3% sDA$_{300lx, 50\%}$　　　　　10.1% ASE$_{1000lx, 250h}$

（a）

28.1% sDA$_{300lx, 50\%}$　　　　　31.3% ASE$_{1000lx, 250h}$

（b）

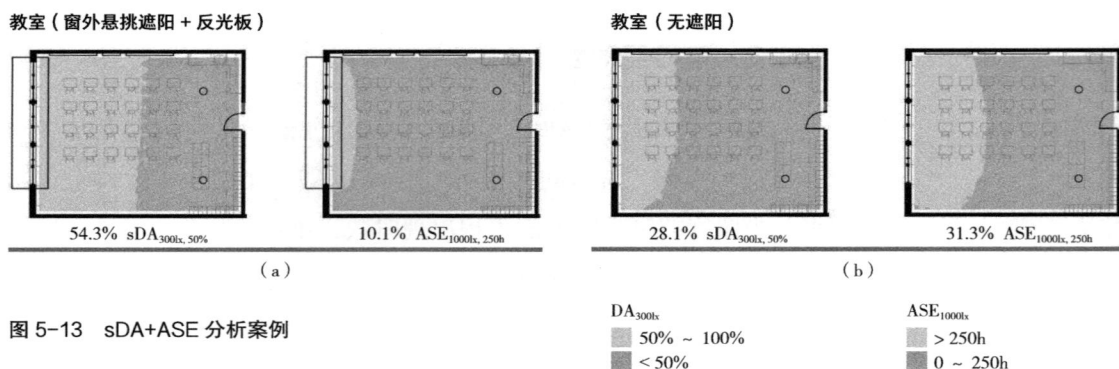

图 5-13　sDA+ASE 分析案例

DA$_{300lx}$
■ 50% ~ 100%
■ < 50%

ASE$_{1000lx}$
■ > 250h
■ 0 ~ 250h

行设计方案比较择优时同时使用 sDA 与 ASE 指标是一种科学的途径，可以同时判断建筑方案的采光能力是否充足以及在视觉舒适度方面是否能令人满意。

综上可知，IES 标准是具有先进性的，这一论断从 LEED 绿建认证体系中采纳的采光标准演变可见一斑，表 5-4 所示的是历年不同版本的 LEED 体系中有关采光的规定。

显然 LEED 绿建认证体系对于建筑采光的规定更新较为及时，这在一定程度上体现了采光标准的进化。2002 年仍在使用基于 DF 的标准；由于认识到了 DF 的不足，2005 年弃用 DF 而选择在某指定条件下约束照度绝对值；2009 年颁布的 LEED 文件则对 2005 年的版本进行了修订，主要是约束了照度绝对值的上限值；2013 年动态采光指标被 LEED 采用。这代表了采光研究的发展以及研究成果被接纳的趋势，也值得我国相关部门在标准制定时进行借鉴。

LEED 中建筑采光相关的规定　　　　　　　　　　　　　　　　　　表 5-4

	有关采光得分项的规定
LEED 2.1（2002）	从事视觉作业的房间内 DF 超过 2% 的面积大于 75%
LEED 2.2（2005）	春秋分日正午晴天空条件下 75% 的日常使用面积上至少有 250lx 照度
LEED 2009（2009）	春秋分日 9：00AM 和 3：00PM 时晴天空条件下 75% 的日常使用面积上的照度介于 250lx ~ 5000lx
LEED 2009 附录	春秋分日 9：00AM 和 3：00PM 时晴天空条件下 75% 的日常使用面积上的照度介于 100lx ~ 5000lx
LEED v4（2013）	全部日常使用的面积上 sDA$_{300lx, 50\%}$ 超过 55%（得 2 分），超过 75%（得 3 分），ASE$_{1000lx, 250h}$ 不得高于 10%

建筑采光构件

　　所谓"采光构件"是指在建筑采光中发挥重要作用的部分，是建筑采光系统的组成部分。在建筑设计时如何合理使用、优化组合采光构件是建筑设计人员需重点考虑的，因此值得分门别类地开展专题论述。"窗"是最基础的采光构件，室外的光线穿过"窗"进而照明室内，是采光设计的关键问题。由于"窗"是光线穿过的界面，因此对于光线的干预或控制多在窗上或周围进行，结合窗安装的诸多类型的控制设施也是一类采光构件，它们和窗一道控制或者选择控制光线入射，形成了"开窗法"，即狭义上认为的采光设计，甚至很多设计者认为采光的问题就是开窗的问题，这种认识在一定程度上不无道理。中庭或类似中庭的空间在建筑体块中发挥了允许光线传导的作用，正是由于这类传导光线的空间存在使得建筑体中不仅仅只是外围区域能够采光，"中庭"或类似发挥传导光线作用的空间也被视为采光构件。据此，本书将建筑采光构件分为四类：

1. 透光界面。光线穿越的界面，最基础的概念就是"窗"。

2. 控制装置。通常在窗上或周围安装，对于光线实施控制的装置如遮阳板、反光板、百叶、卷帘等。窗与控制装置一道形成了"开窗法"，即在哪里开窗、开多大的窗、窗上安装何种装置，这些内容是采光设计中的重要部分。

3. 光线传导空间。允许光线进行传导的空间，我们常称的"中庭""天井""内庭"等建筑空间都在发挥着传导光线的作用，正是由于这些空间的存在使得天然光线有可能进入建筑的中心区域，优化了整个建筑的采光效果。

4. 其他。

不同的采光构件有着不同的采光效果，多种采光构件组合后所达成的采光表现更是千差万别，如果想获知其具体的采光表现则需要开展有针对性地分析，本章对于"采光构件"的论述只局限在某些指定条件下通过动态采光分析的方法开展概略地定性介绍。

6.1 窗

窗是最基本的采光构件，也是建筑立面中最主要的元素，窗的形式在一定程度上决定了建筑的外形与性能。窗是建筑表皮上的开口，连接着室内与室外，决定着室内外光线、热量、声音、视野、气流的交换。窗的分类方式有多种，如用于采光的窗、保证视野的窗、用于通风的窗，以及同时具有以上两项或三项功能的窗，此外还可以根据安装位置的不同进行分类。现代建筑设计的多样化更是扩展了"窗"的定义，任何位置、任何形式的"采光口"都可见于建筑中，幕墙的应用也使得传统概念上的"窗"与"墙"的界限变得模糊，"窗"的范畴被泛化，建筑的采光表现需要针对个案开展具体分析，但为了有条理地说明该构件，本书还是将窗按照传统的"侧窗"和"天窗"进行分类说明。

6.1.1 侧窗

侧窗是最常见的窗户类型，《建筑物理》教材中将侧窗分为"单侧窗""双侧窗""高侧窗"，即仅有一面侧墙上开了窗的叫"单侧窗"，两边侧墙上都开了窗的称作"双侧窗"，安装位置高的侧窗叫做"高侧窗"。不同的开窗法对应着不同的采光效果，侧窗的采光效果受到开窗面积、透光材料、形状、位置、朝向、控制构件等因素的影响。

本书选择某简单的办公室为研究对象，针对侧窗的采光效果进行定性说明。如图 6-1 所示，本书采用的研究模型描述如下：研究模型的平面为矩形，面宽 3m，进深 7m，层高 2.7m；窗的宽度记作 w，窗高度记作 h，窗台高度记作 d，暂不考虑窗棂对窗户采光的影响，窗的参数具体按照图中的说明确定；模型房间的墙面、屋顶均为白色漫反射材料且反射率 ρ 为 0.80，地板的材料为灰色漫反射材料且反射率 ρ 为 0.40，窗玻璃为透明材料且默认透射率 τ 为 0.65，在研究窗玻璃透射率对采光表现的影响时则 τ 值见具体说明。模型中的呈阵列状排布的圆点为该研究模型的计算结果取值点，取值点为三列，居中布置、列间距 1m，每列内为 8 个点、列内点间距 1m，近窗的取值点进深为 0m，由此可知，进深最远的取值点为 7m，下文中沿进深分布的计算结果为同进深上三个取值点上的平均值。

本章节中列出的数据均为计算机模拟计算结果，计算程序 Daysim，天气数据选择为 TMY3 天气文件，默认项目地点为广州市（有特殊说明的除外），Radiance 参数设置为（–ab 2 –ad 1000 –as 20 –ar 300 –aa 0.1）。

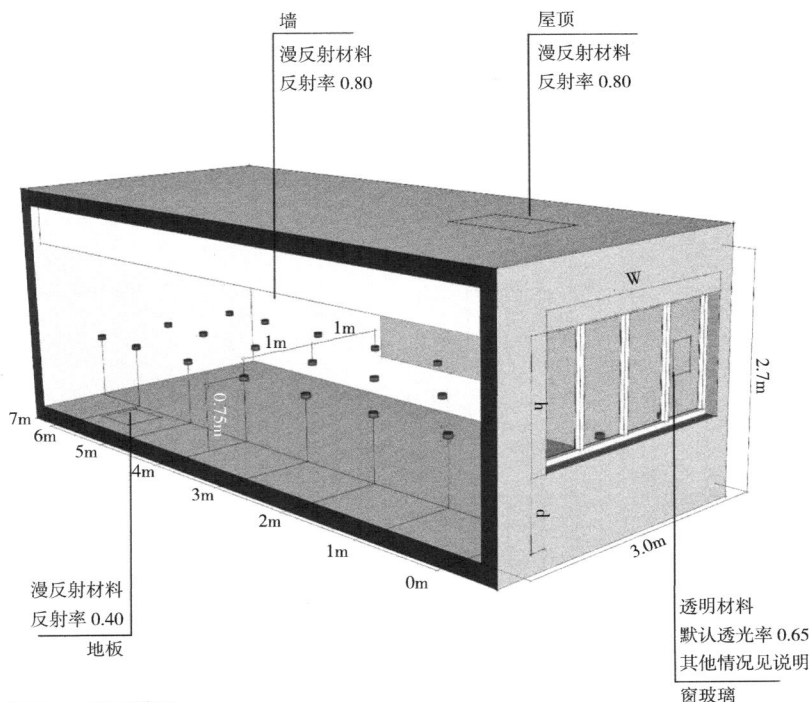

图 6-1　研究模型

　　在其他条件相同的情况下，窗的面积越大，则允许进入室内的天然光数量越多。在描述窗面积时除了使用窗尺寸的绝对值，还常常使用"窗墙比"（WWR，window to wall ratio），即窗面积占所在侧墙面积的比值；以及"窗地比"，即窗面积与所在房间地面面积的比值。图 6-2 所示的是 10 种不同窗墙比的侧窗，以图 6-1 中的房间为研究模型，假设窗玻璃的透光率 τ 为 0.65，不考虑窗棂的影响，广州地区的采光分析结果如表 6-1 所示。以上结果说明了侧窗面积及其对应的采光效果，总体而言有如下几点：

　　1. 窗面积增大则 DF 值提高（其他条件不变的前提下）。

　　2. 对于 sDA 指标，较大窗面积可以取得更高的指标值，但也可以得知，当窗面积增大到一定程度后 sDA 值的提升已不显著。

　　3. 对于 UDI 指标而言，当窗面积到一定程度后 UDI 指标已不再提高，甚至出现下降，这也说明简单的、无遮阳、无控制的大面积侧窗容易导致室内过亮，简单提高窗面积到一定程度后则无法提高 UDI 值。

　　4. 从不同朝向上的 sDA 计算结果分析可知：南朝向的采光量最多，北朝向最少，东西向介于两者之间。此外，由动态采光数据分析可知北向采光房间的室内照度变化幅度较小、光环境稳定程度高，南向反之。

　　5. IES 标准或 LEED 中对于建筑采光的要求较高，对于简单的侧窗而言为满足 IES 标准或在 LEED 中得分则需要较大的窗面积；由此，建议使用有控制措施的侧窗以满足高标准要求（下文将做详细论述）。

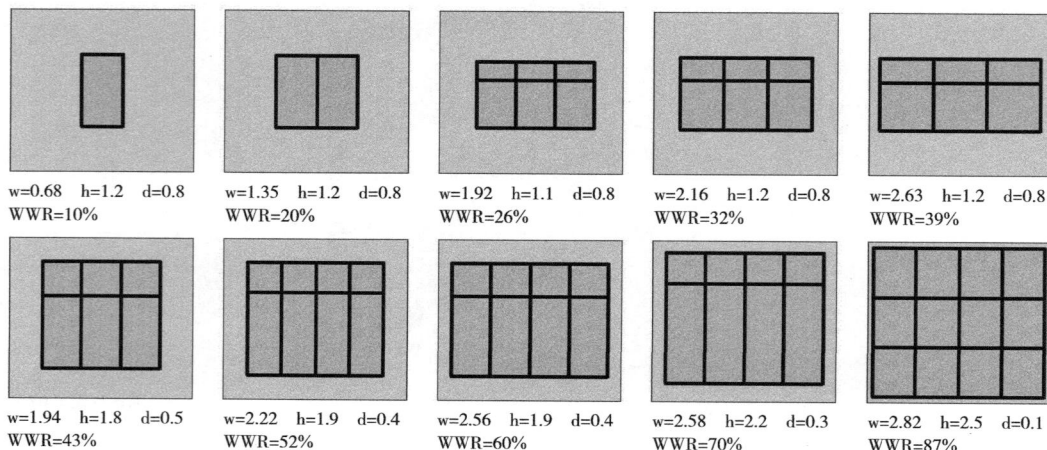

w=0.68　h=1.2　d=0.8　WWR=10%　　w=1.35　h=1.2　d=0.8　WWR=20%　　w=1.92　h=1.1　d=0.8　WWR=26%　　w=2.16　h=1.2　d=0.8　WWR=32%　　w=2.63　h=1.2　d=0.8　WWR=39%

w=1.94　h=1.8　d=0.5　WWR=43%　　w=2.22　h=1.9　d=0.4　WWR=52%　　w=2.56　h=1.9　d=0.4　WWR=60%　　w=2.58　h=2.2　d=0.3　WWR=70%　　w=2.82　h=2.5　d=0.1　WWR=87%

图 6-2　开窗面积参数说明

不同窗面积的采光分析结果

表 6-1

窗墙比 WWR	朝向	$UDI_{100-3000} \geqslant 50\%$ 占比	$sDA_{300lx,\ 50\%}$	DA_{mean}	$DF \geqslant 2\%$ 占比	DF_{mean}	满足 IES 标准
10%	南	45%	25%	24%	13%	1.1%	否
	北	41%	20%	18%			否
	东	42%	23%	23%			否
	西	42%	23%	23%			否
20%	南	49%	29%	29%	18%	1.4%	否
	北	46%	25%	23%			否
	东	46%	27%	28%			否
	西	47%	27%	27%			否
26%	南	47%	32%	33%	24%	1.8%	否
	北	48%	30%	27%			否
	东	47%	31%	32%			否
	西	50%	31%	32%			否
32%	南	56%	38%	38%	28%	2.2%	否
	北	54%	34%	31%			否
	东	54%	38%	38%			否
	西	56%	37%	36%			否
39%	南	65%	41%	42%	31%	2.6%	否
	北	58%	38%	35%			否
	东	59%	39%	42%			否
	西	61%	38%	40%			否
43%	南	75%	45%	45%	33%	2.5%	否
	北	67%	38%	36%			否
	东	69%	43%	44%			否
	西	69%	42%	43%			否
52%	南	88%	49%	48%	37%	2.9%	否
	北	79%	44%	39%			否
	东	79%	44%	47%			否
	西	84%	46%	46%			否
60%	南	84%	50%	52%	39%	3.3%	否
	北	88%	48%	43%			否
	东	88%	49%	50%			否
	西	88%	49%	49%			否
70%	南	82%	58%	59%	44%	3.8%	是
	北	89%	55%	49%			是
	东	85%	56%	56%			是
	西	85%	56%	55%			是
87%	南	81%	63%	64%	49%	4.3%	是
	北	87%	57%	53%			是
	东	82%	59%	61%			是
	西	82%	60%	60%			是

计算条件：广州市 TMY 天气数据，窗玻璃的透光率 τ=0.65（不考虑窗棂的影响），动态采光计算时间范围：每日 8:00 ~ 18:00

不同的项目地点其动态采光计算结果也不同，动态采光分析是一种基于气候的采光模型，将地域性纳入考量是动态采光分析的优点之一。在此，选择上文中WWR=43%的案例作为研究对象，分别对北京、上海、广州、西安等地处我国东南西北的四个主要城市的光气候条件开展简要的比较分析。表6-2所列数据为同一研究模型在四个城市的采光计算结果，经简单的比较可知：由DA指标值可知，四个城市中同一房间的南向采光量依次为：北京＞上海＞西安＞广州；四个城市的北向采光量相近；纬度高的城市其南北向之间的采光差异更为明显。我国的光气候分区将北京、西安划为光气候Ⅲ区，将上海、广州划为光气候Ⅳ区，从这层意义上讲位于光气候Ⅲ区的城市其天然光资源强于位于光气候Ⅳ区的城市，而此处基于TMY天气数据的动态采光分析结果未能较好地支撑光气候分区的合理性，当然这只是一组计算结果，不足以形成结论。需要说明的是基于气候的采光模拟以及动态采光指标评价体系不再需要光气候分区这一概念，但也提出了一个更大的课题：我国幅员辽阔并非所有城市均有准确的太阳辐照数据可供建筑采光分析使用，有必要在我国全面地开展太阳辐射以及天空亮度分布等数据资料的采集工作。

不同城市的采光表现比较　　　　　　　　　表6-2

地点	WWR	朝向	$UDI_{100-3000} \geq 50\%$ 占比	$sDA_{300lx,\ 50\%}$	DA_{mean}
北京	43%	南	83%	56%	59%
		北	72%	38%	36%
		东	77%	44%	49%
		西	82%	44%	47%
上海	43%	南	86%	50%	49%
		北	70%	39%	37%
		东	72%	44%	45%
		西	81%	44%	46%
广州	43%	南	75%	45%	45%
		北	67%	38%	36%
		东	69%	43%	44%
		西	69%	42%	43%
西安	43%	南	88%	49%	48%
		北	68%	38%	35%
		东	71%	43%	46%
		西	71%	42%	42%

计算条件：北京、上海、广州、西安市TMY天气数据，窗玻璃的透光率$\tau=0.65$，动态采光计算时间范围：每日8:00～18:00

窗的位置也是影响采光表现的因素之一，此处选择同一尺寸、不同安装高度的侧窗开展简略的比较分析，不少著作中将安装高度较高的侧窗单独归类为"高侧窗"，这也说明安装高度较高的侧窗的采光表现具有特点。表 6-3 所示的是三种不同高度侧窗的动态采光分析结果，简单的比较可知，侧窗的安装高度对于采光表现具有显著的影响，较高的窗高有利于光线在室内的均匀分布，提高有效采光面积（提高 sDA 指标）。本研究模型的取值平面为距地面 0.75m（工作面），低于工作面高度的开窗部分对于提高工作面上的照度作用有限，因此，较低的开窗位置不利于在工作面上营造充足的光环境。侧窗采光存在的主要问题在于室内照度随进深增大下降较快、室内照度分布不均匀，而提高窗高有助于改善该问题，且效果较为明显。较高的窗高结合光线控制构件（光隔板、百叶等）有助于改善侧窗采光对应的室内照度不均匀、大进深区间照度低的问题。

不同窗高与对应的采光表现　　　　　　　　　　　　　　　　表 6-3

侧窗位置	DA 分布	相关指标值
0.4m		sDA=21% DA_{mean}=20% $UDI_{100-3000} \geqslant 50\%$ 占比 =29%
0.8m		sDA=32% DA_{mean}=33% $UDI_{100-3000} \geqslant 50\%$ 占比 =47%
1.2m		sDA=38% DA_{mean}=37% $UDI_{100-3000} \geqslant 50\%$ 占比 =56%
	100　80　60　50　30　20　0%	

计算条件：朝向：南，WWR=26%，窗台高度分别为 0.4m、0.8m、1.2m，广州市 TMY 天气数据，窗玻璃的透光率 τ=0.65（不考虑窗棂的影响），动态采光计算时间范围：每日 8：00 ~ 18：00

窗玻璃的透光率也是采光的影响因素之一，在建筑采光设计时应给予足够的重视。很多建筑方案在设计完成后留出了窗口但并未约定窗玻璃材料，这使得建成后的实际采光效果与设计时预期的采光量值存在差异。当前种类繁多的玻璃材料具有不同的热工性能以及对应的透光率，如隔热性能较好的 Low-E 玻璃等较之单层透明玻璃的透光率低，且通常情况下热工性能愈好的玻璃材料其透光率愈低，这使得选择窗玻璃材料时应平衡采光与隔热性能，这是常常被忽略之处。表 6-4 所示的是不同透光率的玻璃材料所对应的 DA 指标室内分布情况，由此可知：选择高透光率的玻璃材料有利于提高室内光线数量、增大有效采光范围。

窗玻璃透光率的提高与 sDA、DA_{mean} 等指标的提升并不呈线性关系，当窗玻璃透光率提高到一定程度后，sDA、DA_{mean} 等指标仅小幅增长。

有关双侧窗讨论不在此处开展，大进深空间两侧开窗有利于提高室内照度的均匀度，但变量过多，建议根据具体案例开展具体分析。

不同窗玻璃透光率与对应的采光表现　　　　　　　　　　　　　　　　表 6-4

窗玻璃透光率	DA 分布	相关指标值
$\tau = 0.20$		sDA=5% DA_{mean}=8% $UDI_{100\text{-}3000} \geqslant 50\%$ 占比 =17%
$\tau = 0.47$		sDA=25% DA_{mean}=25% $UDI_{100\text{-}3000} \geqslant 50\%$ 占比 =39%
$\tau = 0.65$		sDA=32% DA_{mean}=33% $UDI_{100\text{-}3000} \geqslant 50\%$ 占比 =47%

窗玻璃透光率	DA 分布	相关指标值
τ = 0.80		sDA=34% DA_mean=33% UDI₁₀₀₋₃₀₀₀ ≥ 50% 占比 =43%
τ = 0.88		sDA=38% DA_mean=35% UDI₁₀₀₋₃₀₀₀ ≥ 50% 占比 =46%

100　80　60　50　30　20　0%

计算条件：朝向：南，WWR=26%，窗台高度为 0.8m，广州市 TMY 天气数据，窗玻璃的透光率 τ=0.20/0.47/0.65/0.80/0.88（不考虑窗棂的影响），动态采光计算时间范围：每日 8：00 ～ 18：00

6.1.2　天窗

设在屋顶上的窗子可称为"天窗"，屋顶上开窗的形式多种多样，天窗的分类方法不一而同。《建筑物理》教材中将天窗分为"矩形天窗""锯齿形天窗""平天窗"三大类别，这种分类方法具有一定的代表性。

如图 6-3 所示的案例，在跨间纵向两侧开窗的天窗形式可归类于"矩形天窗"。由于开窗在垂直面上，且上面戴了"遮阳帽"，采用矩形天窗采光的建筑室内太阳直射光较少、照度稳定，且窗玻璃上不易积灰、也有利于防漏雨。由于窗玻璃的位置与高度等因素使得矩形天窗（即便在使用透明玻璃且无额外遮阳措施的条件下）在使用者视野范围内形成强烈的眩光的情况较少出现，矩形天窗的窗扇可设计成可开启形式，有利于组织通风。由于具有以上特点，矩形天窗在车间厂房、仓库、部分体育建筑中有较多应用。矩形天窗的不足之处在于较之于其他类型天窗，相同的开窗面积采光效率较低、屋顶结构复杂、增加了屋顶结构的集中负荷。

图 6-4 所示的是"锯齿形天窗"的案例，锯齿形天窗是将屋顶设计成锯齿形，将窗设在垂直面上。如果锯齿形天窗开窗朝北，则

建筑采光构件

第六章

101

由于北向天空亮度在一天中变化相对较小（北半球地区），因此使用锯齿形天窗采光的房间室内照度较为稳定。锯齿形天窗采光是否均匀与充足，决定于窗的布置与尺寸等参数，总体而言，经合理设计的锯齿形天窗通常具有采光均匀、充足、稳定等特点。

"平天窗"的特点是屋顶上的采光窗处于水平面上，图 6-5 所示的是一处采用"平天窗"采光的美术馆。由于在水平面上开窗，整个天穹的天空光与日光可更为直接地入射室内，这使得平天窗的采光效率高于其他垂直面上开窗的天窗类型，且平天窗布置灵活、构造简单。平天窗的主要不足在于易产生眩光，当有日光直接入射时室内照度不均匀、不稳定，且在实际工程中易出现漏雨、积尘、积雪、不利于组织通风等情况。伴随着建筑技术的发展、工艺水平的提高，平天窗成为目前应用广泛的天窗形式。

实际上，随着建筑设计的多样化发展以及其他因素的进步，天窗的类型已多种多样，天窗的设计灵活性很高。近些年，天窗在大空间建筑中合理应用并获得良好采光效果的案例层出不穷，不少优秀的交通建筑、体育建筑作品均具有巧妙的天窗设计。在构思天窗设计时应明确一点：无论何种形式其宗旨均为令天然光受控制地透过屋顶照明室内，实现室内天然光照度充足、均匀、稳定。

对于"矩形天窗"与"锯齿形天窗"而言，由于两者结构上的特点，经合理设计后，太阳直射光不易大量地直接入射室内，有利于防止眩光产生、避免室内照度差异过大，也有利于防止室内过热。"平天窗"等在水平面上开窗的天窗类型其采光效率高于甚至大幅高于在垂直面上开窗的天窗类型，这一优点促使平天窗在大空间建筑中得到了较为广泛的使用。但"平天窗"以及类似思路的天窗做法需要注意遮阳问题，遮阳的方式以及对于天然光的控制决定了天窗的采光表现。此处对天窗常用的遮阳方式进行简要说明与探讨。

1. 使用半透明透光材料。天窗通常不需要保证人与室外环境的视线沟通，这使得天窗中可以应用半透明材料起到遮阳即阻止日光直射室内的作用。图 6-6 是一个较为特殊的案例，经研究发现在室外环境中长期活动的青少年发生近视的比例低，很多的研究定性地认为充足的天然光环境有利于青少年学生的视力保健、有利于预防近视。因此，某些研究机构计划设计并建造采光充足的教室供中小学生使用，目标为降低近视发生率。由于天窗采光效率高，为了在

图 6-3　矩形天窗示例

图 6-4　锯齿形天窗示例

图 6-5　平天窗示例

教室内实现充足的天然光，图 6-6 所示的案例采用了大面积的平天窗进行采光以避免日光直射造成室内过亮而无法使用，天窗中使用了乳白色膜材料，这种做法在一定程度上避免了太阳直射光直接入射室内、起到了遮阳作用。类似的措施（使用乳白色亚克力材料、磨砂材料、半透明膜材料、具有空腔的阳光板等作为透光材料或安装在透明窗玻璃下方）在天窗采光中的应用案例不胜枚举。

该类做法的优点在于结构简单，大多数时间及情况下有利于在室内营造均匀的光环境，平天窗中使用半透明材料的做法依旧在实际工程项目中得到了广泛的应用。但有必要说明的是当日照强烈时，如果平天窗中使用半透明材料，为了实现室内较高的照度均匀度，则要求该半透明材料的透光率不能过高（$\tau < 0.20$），如此也在一定程度上降低了平天窗的采光效率，尤其在没有日光的阴天时不利于充分发挥天窗的采光潜能。

2. 使用格栅。如图 6-7 所示，在天窗中使用格栅可以起到阻挡太阳直射光直接入射室内的作用。格栅可分为固定格栅和可转动格栅两种情况。固定格栅的优点在于结构简单、建安成本低、易维护；不足之处在于固定格栅通常难以在年周期上兼顾遮阳与采光，即如果要求固定格栅在全年上均有良好的遮阳表现，则其采光效率通常较低，如果要求使用固定格栅的天窗有较高的采光效率，则该天窗在一年中的某些时段无法完全遮阳。固定格栅在我国的火车站候车大厅等大型公共建筑中得到了广泛的应用，这是当前建筑市场的选择。相比较于固定格栅，可转动格栅具有更好的采光与遮阳效果。但，可转动格栅结构复杂、建安成本高并且需要有一套控制系统施加控制，这也对建筑使用过程中的维护管理等方面提出了要求，一定程度上限制了可转动格栅在建筑天窗中的应用。

图 6-6　天窗中使用半透明膜材料的采光教室

图 6-7　天窗中使用格栅的案例

图 6-8　天窗中使用动态帘幕遮阳的案例

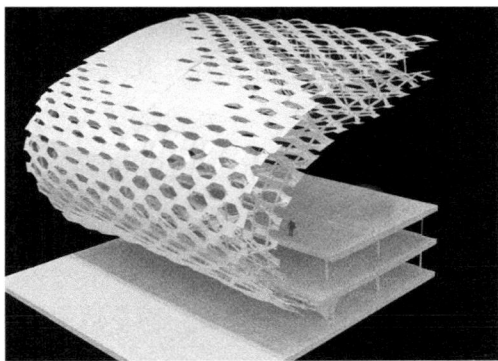

图 6-9　深圳国际机场 T3 表皮结构
（图片来源：fuksas.com）

3. 动态帘幕遮阳。图 6-8 所示的是在平天窗下使用电动幕帘进行遮阳的案例。该方式的优点在于有遮阳需求的时候张开幕帘，其余时段则收回可争取更多地采光。

4. 双层天窗结构。双层天窗结构为基于固定装置的遮阳方式提供了更多可能性。双层结构可以通过更为多样的方式在全年上保证遮阳的同时确保良好的采光效果。仅基于固定装置的天窗系统在我国的实际工程案例中更受业主青睐，可以避免活动遮阳装置所需要的控制系统以及运行维护等问题。图 6-9 为深圳国际机场 T3 的表皮结构模型（局部），该建筑通过多开孔的双层表皮进行采光，顶部的表皮可被认作为一种"双层平天窗结构"，该天窗通过两层结构间的"错位"实现上下层的平天窗互相遮挡，进而达到在遮阳的同时保证采光的作用。该案例仅是双层平天窗结构进行采光的案例之一，形式较为复杂，基于双层平天窗结构的采光案例较为多样，在大空间建筑中可以实现投资与效果之间的平衡。

诸多重要的建筑（如机场候机楼、火车站候车厅等）通常需要使用天窗采光，这使得天窗采光设计成为影响建筑形象与性能的重要内容之一，重要性突出，有必要给予足够的重视，很多广受赞誉的已建成交通建筑的采光系统设计具有特点鲜明、结构巧妙、性能良好的特点，这些项目的成功离不开专业的采光设计顾问的参与配合。

6.1.3　玻璃幕墙

"玻璃幕墙"是一种透明的建筑表皮，有利于尽可能多地争取天然光入射室内，在现代建筑中得到了广泛应用。但不能简单地说玻璃幕墙有利于建筑采光，其采光问题有必要开展专项论述。玻璃幕墙扩展了"窗"这一概念的范畴，立面上的幕墙可以被认为是一种超大面积的"侧窗"或是一种近乎可全部采光的"墙"。屋顶部分的幕墙，或可称为"采光顶棚"等，也可以被认作一种完全布满屋顶的平天窗。如此大面积的窗，一方面有利于允许较多数量的天然光入射室内；另一方面，简单地使用幕墙而不采用附加措施则不免在某些情况下造成室内严重眩光、照度不均匀、不稳定等采光方面的问题，使得室内光环境无法供人使用或造成视觉不舒适。

图 6-10 所示的是某高层幕墙建筑的结构示意图。可以认为该结构为窗墙比大于 90%（WWR ≥ 90%）的侧窗。当有太阳直射时，会导致室内严重的眩光与照度以及亮度差异，令使用者无法开展正常的工作。当不存在太阳直射时（如阴天或某些朝向的立面）也有可能出现局部区域漫射光照度过高、室内照度分布不均匀等问题。只要明确建筑采光是有控制地利用天然光照明室内的过程，则应明确对于幕墙建筑的南、东、西向立面需要进行充分的遮阳（北半球地区）。低层或多层幕墙建筑可以选择多种遮阳方案，尤其对于高辐照度地区，在室外侧使用固定遮阳方案可以获得较好的效果，在幕墙中或室内侧使用活动遮阳装置也可作为一个选项；对于高层或超高层幕墙建筑，则建议使用经合理设计的活动百叶装置，无论单层幕墙亦或双层幕墙结构在进行采光设计时均应该考虑百叶的设计问题、开展一体化设计，令百叶同时具有遮阳、改变光线传送方向等功能，在室内侧营造眩光小、大进深区间照度高、可应对不同天气的理想光环境。图 6-11 所示的是纽约时报总部大楼的建筑南立面，此处用了幕墙室外侧安装棒状遮阳装置、室内侧安装自控卷帘的控光方案，该采光方案具有较好的实际使用效果，值得借鉴。

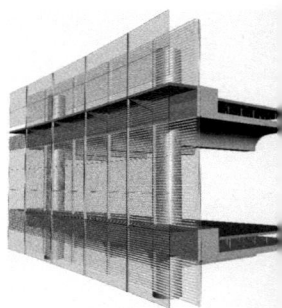

图 6-10　某建筑玻璃幕墙结构

当前很多高层幕墙建筑在晴天时将低透光率的卷帘（有些是完全不透光的遮阳帘）放下，令室内处于不采光或极少量采光的情况，与此同时使用人工照明开展工作，导致建筑室内光环境白天晚上一个样，令建筑使用者混淆昼夜、打乱了正常的生理节律感受。致使这种现象出现的原因在于幕墙建筑的采光设计失当，甚至未考虑采光问题，既造成了能源的浪费，也丢失了本可以具有的健康、舒适、利于高效工作的天然光环境。

图 6-11　纽约时报大楼室外与室内
（图片来源：www.nytimes.com）

图 6-12　某幕墙建筑顶层

当玻璃幕墙被使用在建筑物屋顶时，将形成如图 6-12 中所示的如同采光大棚一般的效果，在某些天况下导致室内过亮、过热。因此，无论从采光还是能耗等方面均要求在屋顶上直接使用幕墙时必须考虑遮阳问题，选择有效的方式遮蔽太阳直射光。但鉴于当前技术条件下的玻璃幕墙热工性能不建议在大空间的屋顶上完全使用幕墙，遵循科学、理性的天窗设计理念更有利于营造节能、舒适的室内环境。

6.2　控制元素

这里所谓的控制元素，指的是多种发挥控制光线进入数量或传播方向作用的装置。这些控光装置通常和窗或幕墙结合在一起发挥作用。当前建筑采光领域所使用的控制装置或技术多种多样，近些年也出现了不少新技术，但本书中以介绍基础的控制元素为主。

6.2.1　光隔板

光隔板（light shelf）是最常见的控制日光的元素之一，常见于

图 6-13　光隔板示例

反光隔板

图 6-14　光隔板作用分析图

教室、办公室等建筑中，其作用是将天然光反射至顶棚，如此有助于提高大进深区域的照度、增加室内照度的均匀度、扩展有效采光范围；在某些条件下也有助于限制近窗区域的眩光程度。但应用光隔板及其具体的设计参数需要根据项目所在地的光气候特点以及项目的具体情况决定，不合理的设计参数往往会适得其反，不仅未能改善室内照度分布反而导致室内照度偏低。

以图 6-15 所示的房间模型为例，其侧窗尺寸如（b）所示，房间内墙与屋顶为反射率 0.70 的白色饰面，地板反射率 0.20，窗玻璃为透光率 0.65 的双层玻璃，光隔板材料为原色不锈钢薄板。以不同的光隔板尺寸与安装位置为研究对象开展动态采光分析，表 6-5 列出的数据为分析结果，由其中的数据可知：以 $UDI_{100-3000lx,\ 50\%}$ 指标为依据，则可以说明侧窗上装设参数合理的光隔板有助于优化房间内的天然光照度分布，当光隔板的参数不合理时则无助于优化天然光分布；以 DA 指标为依据，则可以说明光隔板的安装相对于不安装光隔板的侧窗在一定程度上降低了室内的天然光数量。

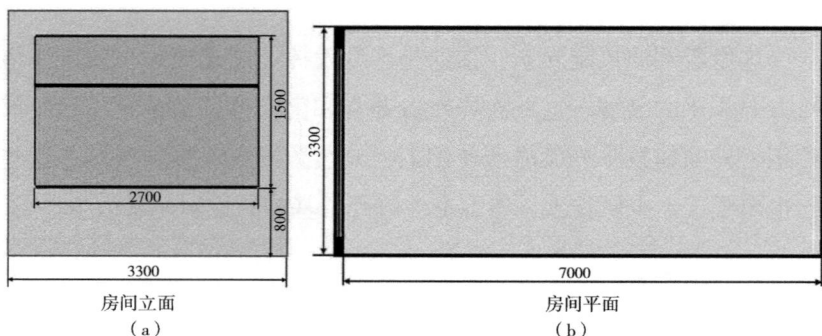

房间立面
（a）

房间平面
（b）

图 6-15　研究房间的立面与平面（单位：mm）

反光隔板对应的室内采光参数　　　　　　　　　　　　表6-5

朝向	指标	无光隔板	基础方案	较长的隔板	较高的安装位置
			700	1000	700
		1500 / 800	1500 / 800 / 800	1500 / 800 / 800	1500 / 900 / 800
南	$DA_{300lx,\ 50\%}$	46%	44%	41%	44%
	DA_{mean}	44%	43%	39%	41%
	$UDI_{100-3000,\ 50\%}$	56%	63%	60%	62%
东	$DA_{300lx,\ 50\%}$	43%	43%	37%	41%
	DA_{mean}	44%	42%	39%	41%
	$UDI_{100-3000,\ 50\%}$	54%	63%	60%	60%
西	$DA_{300lx,\ 50\%}$	43%	42%	37%	42%
	DA_{mean}	43%	41%	38%	40%
	$UDI_{100-3000,\ 50\%}$	56%	62%	60%	62%
北	$DA_{300lx,\ 50\%}$	42%	41%	35%	40%
	DA_{mean}	38%	36%	33%	36%
	$UDI_{100-3000,\ 50\%}$	57%	63%	57%	61%

计算条件：广州市，TMY 天气数据，取值时段：每日 8：00 ～ 18：00

总体而言，合理设计的光隔板具有优化室内天然光分布的潜力，光隔板常和其他控光装置（如百叶、卷帘等）配合应用，项目中应用此类控光装置有必要根据项目的气候条件以及周围环境因素等具体条件开展专项分析后进行设计，以确保设计参数合理。

6.2.2　百叶

百叶是最常见的动态控光装置，在侧窗采光的建筑中应用广泛。百叶可以在室外侧、窗（幕墙）内部、室内侧安装，图6-16所示的是百叶在幕墙中应用的案例。与光隔板等固定的控光元素不同，百叶是一种动态的控光装置，可在下拉高度、叶片旋转角度两个维度上进行动态调整，不同的百叶状态对应着不同的室内光环境，图6-17是不同下拉高度以及叶片旋转角度的示意图，图中表示了6种

图6-16　百叶在办公建筑幕墙中的应用案例

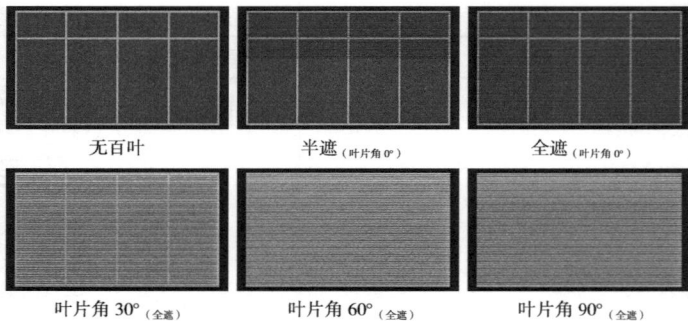

图6-17　不同下拉高度与叶片旋转角度的百叶

不同的百叶状态，将百叶划分为若干种状态是百叶动态采光分析的基础。不同的百叶状态及其对应的出现时段由控制方案决定，由于控制的存在使得针对百叶的采光分析较为复杂。有关百叶的采光分析在前面的章节中已有涉及，此处主要介绍百叶的控制以及对应的动态采光模拟中的分析方法，熟悉百叶的分析方法是进一步开展动态立面采光分析的基础。

在动态采光分析框架下分析百叶的采光表现，除了需要明确百叶的形状、尺寸、间隔、材质等参数外，还需要明确百叶的控制方案。在实际应用中，部分百叶由房间使用者手动控制，部分百叶由机电装置按照一定规则实施自动控制。百叶的手动控制是一个复杂的问题，主要涉及人的行为等因素，当然人对百叶作出调整也是为了实现视觉舒适的目的，这也使得这种控制行为有规律可循。使用计算机程序进行动态采光分析则需要给百叶设定某一种明确的控制规则，由控制规则计算得到某种百叶状态及其出现的时间范围，模拟程序将不同百叶状态对应的室内光环境情况按照其出现时间"拼合"出最终的分析结果。

总体上，百叶的控制方案可归纳为三类：

其一，手动控制。手动控制百叶由人的行为决定，具有一定的随机性，但大致可以认为是一个以视觉舒适度为出发点的控制问题。

其二，以满足热工参数为目标的自动控制。因为百叶除了具有调节天然光环境的作用外，还具有隔绝太阳热辐射的作用，有些场合的百叶控制以热工参数作为目标实施自动控制。

其三，以视觉舒适度指标为依据开展自动控制。这种方式是人居建筑中较为常见的一种百叶控制方式，其问题在于以何种视觉舒适度指标作为依据。最常见的控制方式为检测某位置（房间内或窗外）上太阳直射辐射数量，当太阳直射辐射量超过某限值时则调整百叶。如：在窗外某位置设置传感器或在室内天花上安装图像采集装置检测桌面上的亮度，这类控制装置实际是将侧窗上的太阳辐射值（或可认作窗亮度）以及桌面上的太阳辐射值（或可认作桌面亮度）等简单指标作为预判视觉舒适度的指标进而开展百叶控制。近些年视觉舒适度方面的研究发展较快，提出了基于亮度图像的视觉舒适度指标，如 DGP、与 DGP 相关的视线方向上的垂直照度以及亮度对比度等指标，由此，一批新的满足视觉舒适度指标的动态遮阳自动控制方案被提出（如基于 DGP 的遮阳控制，DGP based shading control）。以先进的计算机模拟技术为支撑，将现场实测数据输入即可快速得到某给定位置的视觉舒适度指标并据此开展百叶控制（在若干种百叶状态中选择合适的一个），这种基于视觉舒适度指标的百叶自动控制技术被认为是百叶控制的发展方向。基于视觉舒适度指标的动态采光模拟分析也可以较为真实地反映某房间一年中照度变化的情况，对于分析建筑物真实能耗与使用效果具有重要意义。

6.2.3　卷帘

卷帘是广泛使用的遮阳装置，起到控制太阳辐射调节室内光环境的作用，在办公、教育等类型的建筑中普遍使用，究其原因可归纳为成本优势、结构简单、易安装、单拉绳手动控制、无需清洁维护等。在窗的室内侧安装手动或按键控制的电动卷帘是一种最简单的可实现遮阳、控光目的的方法。卷帘根据织物材料的不同可分为多孔可透光材料（通常为麻材料或仿麻材料），以及不可透光材料（通常为涂胶面料）等。卷帘的材料类型种类繁多，其光学参数各不相同，根据项目的具体情况选择正确的材料可以取得较好的采光效果。如果卷帘材料选择不当，则容易导致浪费天然光资源、无法在室内营造良好、健康光环境的情况。有必要再次强调的是遮阳并不意味着拒绝采光，如果不能良好处理两者的关系则无法实现天然光环境的优化。

图 6-18 所示的是某建筑的采光设计，除屋顶部的悬挑对于顶层可起到遮阳作用外，全部落地侧窗使用卷帘进行遮阳。对于在太阳辐射充足、晴天时数较多的地区内使用卷帘遮阳的建筑而言，若

建筑采光构件

第六章

111

图6-18 卷帘在建筑中应用的案例

一年中大多数时间卷帘处于下拉状态，则在一定程度上说明该建筑维护结构设计不利于建筑节能，因为其往往导致制冷能耗偏高。现代建筑设计偏好于通透的立面设计，如玻璃幕墙在建筑中应用广泛，但此类设计应该根据项目所在地的气候条件进行。2018年夏季，我国广大地区出现的高温天气也确认了气候变暖的大趋势，因此，建筑立面设计应该更多地考虑适应气候条件，令建筑在设计初期即满足节能、舒适的目标。

6.3 中庭

现代建筑中的中庭作为缓冲空间，为相邻空间提供了与自然环境交流的条件。其中，中庭最大的贡献是解决大进深空间的天然采光问题，提高了天然光线入射到平面最大进深处的可能，进深较大的建筑能够更加充分地采光，其自身则成为一个天然光的收集器和分配器。至于庭院、天井和建筑凹口可以看作中庭的特殊形式。从图6-19可以看出，中庭起到"光通道"的作用，将天空直射光线和反射光线、漫反射光线通过窗户照射到中庭相邻空间的工作面上。中庭的光环境设计是一个复杂的问题，涉及中庭顶部的透光性、中庭空间的几何比例、中庭墙壁和地面的反射率、窗户位置及尺寸等一系列因素。

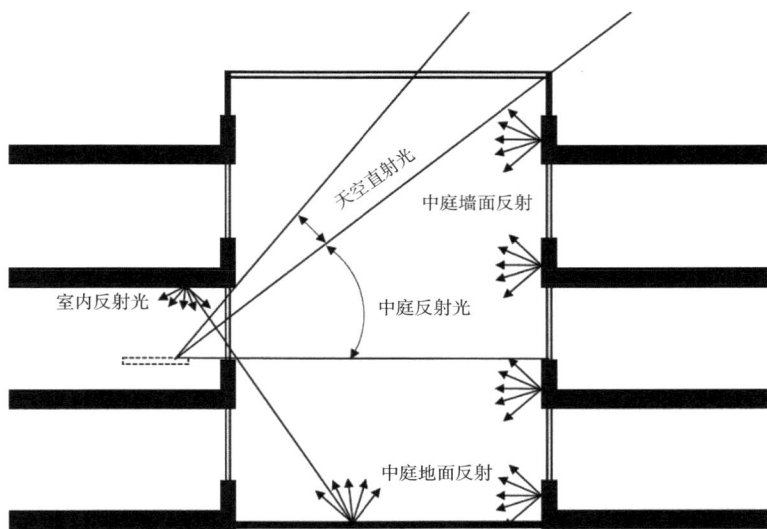

图 6-19　中庭采光示意

（1）中庭顶部设计

中庭顶部光线的透过率直接影响中庭收集的天然光数量，顶部的透过率越高，经由中庭到达中庭底部和相邻空间的光线越多。在夏季或日照强烈的时段进入过多的太阳光线，可能引起中庭过热以及强烈的明暗对比，因而需要进行遮阳处理。遮阳措施会降低中庭顶部的透光量，在阴天等室外照度偏低的情况下则造成中庭底部照度不足。解决这个问题通常有两个途径：一、可以考虑使用动态遮阳方案，在有遮阳需求的时候进行有效遮阳，当缺少太阳直射光的时候则应该允许天空漫射光充分入射；二、如果选择固定遮阳方案，则有必要结合当地的气候特征开展优化设计，确保在一年中大多数时段上的良好采光效果。图 6-20 所示的是某建筑中庭顶部的设计方案，通过在窗玻璃内侧安装可活动半透光遮阳帘的方式遮阳并调节室内光环境。

通过不同表面的透光材料进入中庭的太阳光线的性质不同。当太阳光线透过普通玻璃、Low-E 玻璃等表面光滑的透光材料，直射到中庭四周墙壁甚至地面上和相邻空间时，会有眩光的可能，而且中庭水平面的光线分布不均匀；当太阳光线透过磨砂玻璃、半透明膜结构等表面粗糙的透光材料，则可均匀地漫射到中庭内部，避免眩光的产生，但进入中庭的光线总量显著减少，中庭垂直面的光线分布不均匀。光滑和粗糙表面的透光材料产生不同的中庭光环境，

图 6-20　中庭顶部设计案例

建筑采光构件／第六章

113

进而影响相邻空间的天然采光效果。在实际工程中，根据影响中庭光环境的其他因素，尤其是中庭空间的几何比例，综合考虑选择合适的透光材料。

（2）中庭的形状

中庭的几何形状对于其采光效果具有显著影响。为保证中庭地面和相邻空间能够获得足够的天然采光，有必要在中庭设计时开展模拟分析，确保中庭相邻空间能得到符合办公建筑照度要求的足够的天然光线。

对于剖面为矩形的中庭而言，其尺寸可用长（l）、宽（w）、高（h）三个变量加以描述（图6-21），同时针对三个变量开展分析较为复杂，井指数（WellIndex，WI）WI=h（w+1）/2lw是常用的描述中庭几何形状的参量之一。WI实际反映的是中庭内壁面积与中庭顶部开口面积的比值。当然，不同形状的中庭可能具有相同的WI值，如中庭A（尺寸为l=20m，w=20m，h=12m）与中庭B（尺寸为l=30m，w=15m，h=12m），两者WI值相同但中庭顶部开口面积不同，此时则可以对顶部开口面积进行约束后开展分析。如果将该问题进一步简化，仅选取方形平面的中庭（l=w）作为研究对象，则WI=h/w（可称为高宽比）。本书对方形平面的中庭做简要分析说明（图6-22），该建筑为四层、方形平面（30m×30m），层高3m，总高度12m；于平面中心开设平面为方形的中庭（其中l=w），模型内中庭侧壁全部安装透光率0.65的玻璃（不考虑窗框），中庭顶部未封盖，建筑外立面上每层实墙高度为0.8m，其余均为透光率为0.65的窗玻璃（不考虑窗框）；该模型的墙壁与地板均为反射率为0.5的漫反射材料。

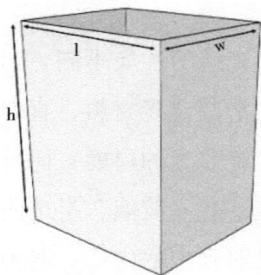

图6-21　中庭几何形状标注　　图6-22　分析中庭采光效果的研究模型

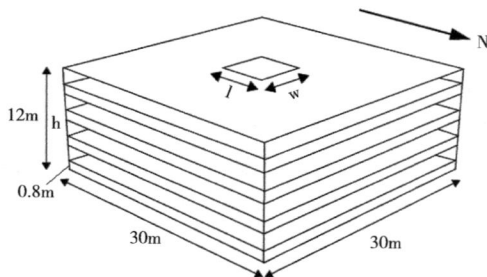

表 6-6 所列信息为不同 WI 值的中庭对应的建筑室内各平面的采光表现，该结果以广州地区的天气文件为计算条件。总体而言，当 WI 超过某一数值时，即中庭的几何形状过于细长，导致其采光能力有限，不能够有效地解决建筑平面中心区域的采光问题，某些研究建议选择 WI<3 的中庭，这是一个可以作为参考的量值。当 WI 值偏低时，虽然可以保证各层平面能够接受足够的天然光数量，但同时也减少了建筑面积、在一定程度上增加了中庭连接区域出现眩光的可能。实际上中庭的设计问题较为复杂，涉及诸多变量，建议建筑的中庭设计根据设计构思开展专项分析，并基于分析结果进行推敲，最终选择出能够平衡诸多方面的优化结果。

不同 WI 值的中庭对应的建筑平面上的采光效果　　　　　　表 6-6

WI	DA_300lx 分布（取值平面 0.75m 高度）			
	一层	二层	三层	四层
0.6（w=20）				
1（w=12）				
3（w=4）				
4（w=3）				
图例	100　80　60　50　30　20　0%			

计算条件：广州市，TMY 天气数据，取值时段：每日 8：00 ～ 18：00；
图示下方为南向，右方为东向

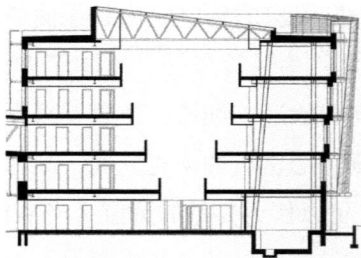

图6-23 "倒梯形"中庭剖面

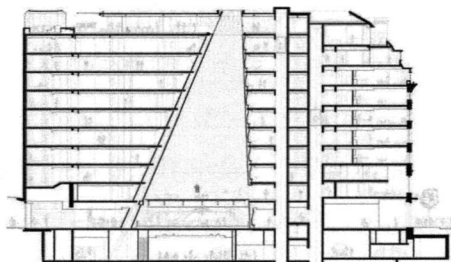

图6-24 "梯形"中庭剖面

中庭的形状不仅仅限于矩形剖面，也有不少建筑的中庭设计为不规则形状（图6-23，图6-24），这些中庭设计方案均有其利弊，需要根据需求开展专项分析。

（3）中庭墙壁的反射

进入相邻空间的天然光线除了直射光线外，另一个重要组成部分是反射光线和漫反射光线，其对中庭地面和底部相邻空间的天然采光尤其重要。中庭墙壁经过设计后可以通过反射、漫反射重新分配天然光线，具有调节和控制天然光的作用。表面光滑的墙壁容易产生反射眩光，因此，中庭墙壁表面应粗糙，漫反射光线使中庭内光环境均匀、柔和。中庭墙壁可以采用素混凝土、浅色粉刷、石膏板、麻面石材、麻面砖等表面粗糙的材料，尽量避免使用大理石、釉面砖等表面光滑的材料。如果需增加特定部位的天然采光量，可通过在中庭墙壁上安装可调节的镜面，向下定向反射天然光线，解决局部天然光线不足的问题。

（4）窗户位置及尺寸

对于依靠中庭墙壁反射光线采光的底层部分，对面的反射墙就是它的"天空"，若该墙为一从顶到地的玻璃或完全是敞开的，则会有少部分光线经过它的反射传到下面各层。相反，若该墙没有窗户和开口，则大部分光线经墙面反射到中庭底层，就如同光线在光导管中反射的一样，光线强度极少减弱。理论上，光线应该按所需量进入每一层相邻空间，其余经墙面反射再向下传递。因此，为了使中庭每一层相邻空间都获得良好的天然采光，中庭墙壁每一层窗户的面积应该不同，顶层仅需较少的窗面积，增加反射墙面，往下逐层增加窗户面积，减少反射墙面，直至底层全部都是窗户。窗户在墙壁上的位置影响光线的分布、空间感受、人工照明的位置等。

低窗、中等高度的窗户、高窗进入室内的光线分布离窗户由近而远，中庭相邻空间多采用双侧采光，多选择低窗、中等高度的窗户。低窗可以利用地面的反射，使光线进入室内空间深处，以弥补光线分布不均匀的缺点。

6.4　动态立面

动态立面是建筑设计中很有趣的一个概念，受限于造价以及建筑师能力等因素。并非所有建筑都倾向于采纳动态立面，但作为一种技术主导的设计手段设计合理的动态立面在性能上具有优势。动态立面在根本上体现了设计适应环境的理念，就像人类的皮肤一样以自身变化适应环境。对于本书所关注的采光表现而言，动态立面的采光分析只能在动态采光分析框架下开展，这是传统的静态采光评价体系中无法开展的工作。动态立面的采光表现与以下几方面因素相关：1. 立面设计；2. 控制方式；3. 当地气候；4. 周围环境。从理论上讲动态立面具有给建筑室内营造最优化环境的潜力，但较多的影响因素也使得动态立面的设计更为复杂，为了取得良好的预期效果则有必要开展专业的分析。

6.4.1　动态立面概念

动态建筑立面（Dynamic Facade）的概念是相对于静态（固定）建筑立面而言的，以一种可变的形式联系着室内外环境。动态立面可以通过自身的动作适应环境的变化，在适当的时候避免室内过热或过冷、组织通风，营造充足、舒适的室内光环境，保证良好的视野。

动态立面的作用不仅仅限于调节室内光环境，但能够令室内光环境得以优化是动态表皮的主要功能之一。将动态遮阳的功能融入建筑表皮设计可以认作是一种动态立面，体现了建筑适应环境的行为。为了获取最理想的室内环境，建筑立面根据室外环境因素作出调整是一套行之有效的技术路线。这种设计加以合理的控制后可以实现全年时段上室内光环境的优化。图 6-25 是一个采用动态立面设计的建筑方案，将类似百叶的形式纳入建筑立面设计，营造出可调整的室内环境。当室外晴天日照强烈时"百叶"关闭，室内光环

图 6-25　采用动态遮阳立面的建筑方案（建筑设计：Steven Holl Architects）

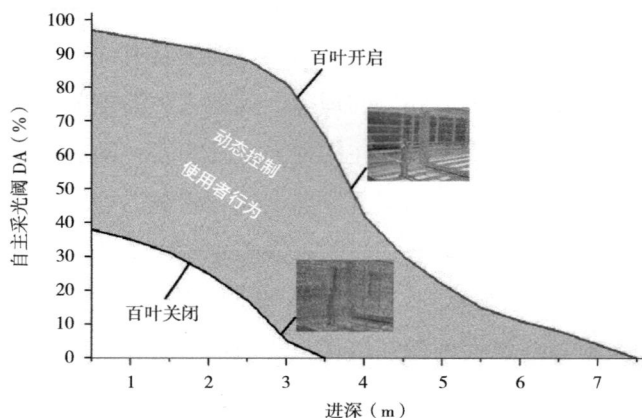

图 6-26　动态立面对应的室内 DA 分布区间

境柔和；当建筑外立面未得到阳光直射时，打开"百叶"争取更多的天空光入射室内并保证通畅的视野。

　　动态立面的实际采光表现只能使用动态采光指标进行分析，在开展动态采光分析前需要明确系统的控制方案，而无论自动控制或是手动控制都与使用者行为以及视觉舒适度等问题相关，以视觉舒适为目标的动态立面的控制问题值得深入研究。图 6-26 为图 6-25 中建筑的"百叶"全年开启、全年关闭时所对应的 DA 沿进深分布的情况，上下两条曲线之间的灰色区域则是动态立面实际运行后所对应的 DA 分布曲线的区间范围，具体的 DA 分布情况则需要根据动态遮阳的控制方式以及使用者行为等具体情况开展分析。换言之，控制决定了该房间的 DA 值。由此可见，控制方案以及使用者行为对动态立面的实际采光效果影响显著。

6.4.2 动态立面案例简介

百叶（包括类似百叶的设计）是最基础的动态遮阳装置，众多动态立面均采纳百叶的思路展开设计。百叶也是动态立面设计或分析的基础。百叶可以收起、放下，放下后还可以根据环境的变化调整叶片的旋转角度以调节室内光环境，百叶的首要作用是"遮阳"，即阻挡太阳直射光直接入射室内，此外对于过亮的漫射光也具有调节作用。图6-27、图6-28所示的是日本获奖建筑师妹岛和世主持设计的位于瑞士洛桑的劳力士中心，该建筑立面上大部分安装了自动控制百叶，可受控调节室内光环境。实际上，百叶可以被认作是一种最基础的动态立面，有关动态立面采光分析方面的知识也可参见本书前文中有关百叶采光分析的内容。

图6-27　瑞士洛桑劳力士中心内部（建筑设计：SANAA）

图6-28　瑞士洛桑劳力士中心立面

建筑采光构件

第六章

119

阿联酋阿布扎比的阿尔巴哈塔的动态立面给人印象深刻，阿布扎比地区气候炎热，太阳辐照度全年较高且干旱少雨，在如此极端的气候条件下建筑的热环境、光环境设计成为首要考虑的内容，在每个塔楼的南、东、西三个立面上共安装了 1049 个动态遮阳单元。该项目完成于 2012 年，建筑高度 145m，塔楼上"阿拉伯窗花"式的动态立面（动态外遮阳装置）由 Aedas 事务所内专门从事计算机设计的团队完成，通过参数化的设计手段对遮阳单元的几何形状开展设计与参数推敲，使得外遮阳装置可以根据太阳辐射量进行自身调节，从而确保室内环境在一年中不同时间上都保持合理。图 6-29 为施工中的动态立面，安装在距离玻璃幕墙 2m 处，形成了一层独立的立面。图 6-30 为遮阳单元形态调整的示意图，该装置被设计成可以根据立面上获得的太阳辐射量调节自身形态，每个遮阳单元均受程序控制以应对太阳的运动，如此可以实现隔热、防止产生眩光的作用，到了夜间全部遮阳单元闭合。图 6-31 为动态立面的动作过程，在一天中不同时刻根据太阳的运动情况，立面通过调整自身形状加以应对，运用动态的方式保证了室内环境的持续合理优化。

图 6-29　阿尔巴哈塔表皮局部（建筑设计：Aedas）

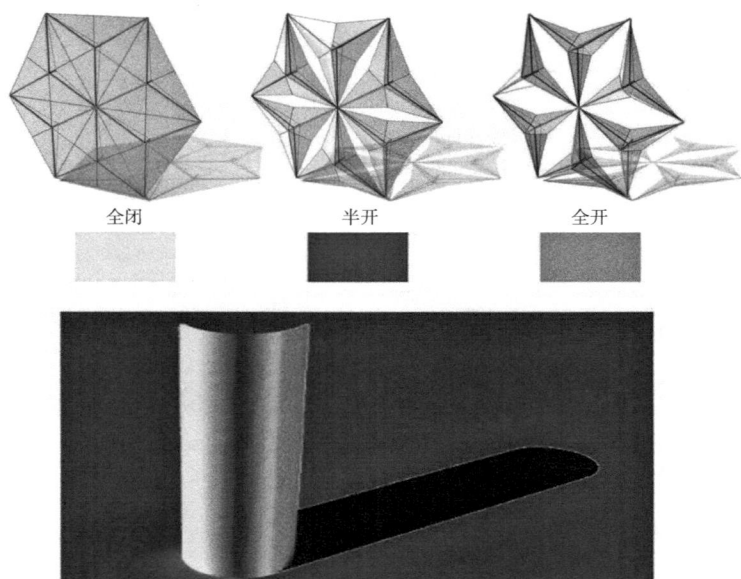

图 6-30 阿尔巴哈塔表皮分析图（立面根据获得太阳辐射量调整形态）

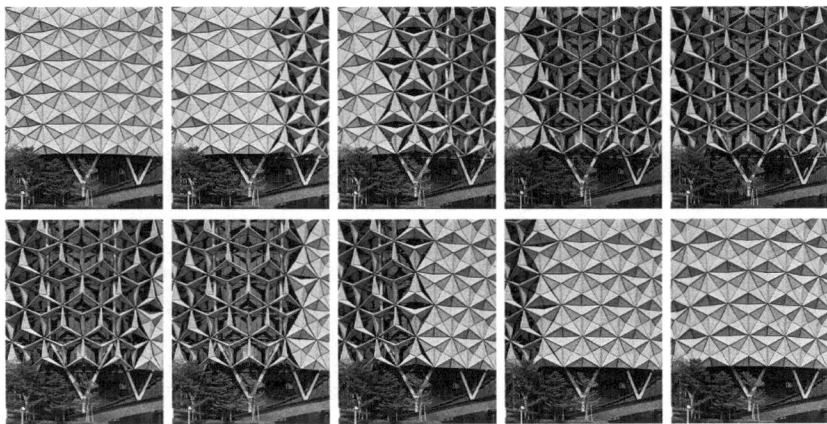

图 6-31 阿尔巴哈塔表皮"动作"

    由 Henning Larsen 事务所设计的丹麦南方大学教学楼采用了动态立面的设计方案，其立面也成为建筑最具特色的部分，图 6-32 为该建筑，动态表皮兼具功能性与形式感，项目自建成以来饱受赞誉。天然光环境是动态的，太阳位置及其辐射随着季节和时间不断变化，为了应对这个问题，建筑在立面上安装了动态遮阳装置，形成了一层动态立面以适应当地的气候，在为室内提供充足照度的同时满足了使用者对于舒适环境的需求。图 6-33 所示的是动态表皮中的三角形穿孔板，该建筑立面遮阳系统包含大约 1600 片三角形穿孔钢板，以特定的方式安装，可以根据日照变化和需要的照度进

图 6-32　丹麦南方大学教学楼动态立面（建筑设计：Henning Larsen Architects）

图 6-33　丹麦南方大学教学楼动态立面细部（图片来源：www.archdaily.com）

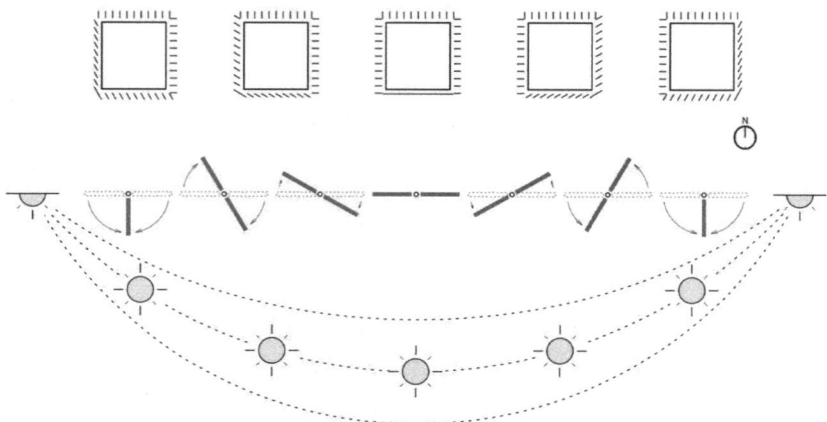

图 6-34　不同太阳位置对应的动态遮阳形态（图片来源：www.archdaily.com）

行转动调节。图 6-34 是位于德国埃森的蒂森克虏伯总部建筑的动态遮阳控制示意图,基于相似的原理,该图表现了动态遮阳单元通过改变自身角度应对不同太阳位置的过程。遮阳板打开时会在立面上形成突起,与关闭的部分一起组成起伏变化的建筑外观。系统中配备感应装置,会自动采集光照和热量,并经过计算后通过小型电机随时调整遮阳板的角度,让室内环境一直维持在较高的质量上。

动态立面体现了建筑对环境的适应能力。仅就采光表现而言,由动态立面带来的动态采光、遮阳效果可以给建筑带来最优化的潜力,但前提是设计合理、控制合理。这是一项专业设计,有赖于动态采光分析技术,相关内容在前文中有所论述,有关百叶的动态采光分析也可作为分析动态表皮的基础。

6.5 复杂采光系统

高技术建筑的出现以及对于采光问题的关注,使得不少建筑,尤其是高技术建筑使用了复杂的采光系统。通过技术手段在原本不能采光或不能充分采光的区域实现了采光或充分采光。复杂的采光系统形式多样,不一而足,通过综合的技术手段以及具有创造性的构思将光学、机械、材料、植物等技术应用于解决建筑采光问题中。部分复杂采光系统可以突破建筑设计中对采光方面考虑不足的问题,如仅采用先进的技术系统解决天然采光问题,而不采用建筑本身的解决方法,例如导光管(分水平导光管和垂直导光管)、太阳收集器、先进的玻璃系统(全息照相栅、三棱镜、可开启的玻璃系统)、光纤光导、定日镜等。由于此类采光系统形式灵活多样,创新性的采光设计则应该根据具体问题从丰富的技术手段中挑出合适的选项通过巧妙的构思营建采光系统。故而,此处不对复杂采光系统做展开论述,本书后文的章节中将介绍诸如健赞中心等采用了复杂采光系统的已建成案例。

第七章

设计案例

在建筑设计多元化的今天，以技术提高为基础带来的设计思潮的丰富令建筑设计较少受到想象力的约束，即便同一类型的建筑，其形式也可能迥异。但总体上，同类型的建筑对应着同一类型的功能，这使得采光设计应有共通之处，通过部分案例的介绍有助于启发设计师们处理建筑采光问题的思路，也可以由此总结出部分采光设计的共同原则或注意事项。建筑的类型有许多，本书仅选择其中7 类进行简单点评、阐述。

7.1 交通建筑

设计者应对交通建筑的天然光环境营造给予足够的重视，建筑创作初期就应将采光问题放到优先考虑的位置，最好能像很多优秀的交通建筑一样将采光功能与建筑形式融合为一体，其原因有三：

1. 如机场候机楼、火车站高铁站候车大厅以及地上的交通枢纽换乘中心等通常为大空间单层或多层建筑，这类建筑形体有条件通过天窗（或结合侧窗）采光，从而在室内营造充足的天然光照度，且流动人员对于照度的要求相对偏低，这也使得交通建筑可以长时间依靠天然光照明。

2. 对于此类大体量建筑充分利用天然光具有明显的节能效益，节约照明用电。

3. 天然采光有利于室内环境舒适健康。旅客们或是匆忙赶路或是焦急等待，通透的室内环境可以令他们感觉更好，此外天然光具有防潮、防霉的作用，可降低建筑维护、卫生方面的开支。

7.1.1 中国台湾彰化高铁站

彰化站是由中国台湾著名建筑师姚仁喜带领的设计团队打造的，彰化农产丰富同时也是花卉的故乡。车站的设计贴合了当地的美景与特色物产，建筑设计将室外环境意象引入其中。候车厅室内最具特色的就是以"花卉"为设计原型的结构柱，柱子以马蹄莲的样貌为灵感，形体由底往上逐渐"绽放"，勾勒出结构柱优雅的弧形轮廓线，顶棚盛放的"花瓣"实际上是一个天窗，让天然光透过上方的开口进入到大厅，照亮整个候车大厅，为这样一个大型公共交通建筑带来更多的天然光照明（图 7-1）。

图 7-1 中国台湾高铁彰化站室内（建筑设计：大元建筑工场）

图 7-2　车站立面大面积的玻璃幕墙与出挑金属板

图 7-3　候车厅内的构造柱
（图片来源：www.krisyaoartech.com）

　　彰化站的采光是极具特点的，首先是候车大厅四周大面积的玻璃幕墙，在保障了室内采光需求的同时也考虑了建筑的主立面是东面，其存在着大量太阳辐射照射到室内引起室内过热的问题，所以，在建筑屋顶的四个方向都挑出了相当长度的水平遮阳金属板，利用轻便的金属板作为遮阳构件，在出挑长度足够长的同时还能避免为建筑带去过多的出挑负荷。图 7-2 中所示的大尺度出挑金属板能够在一定程度上解决太阳高度角较高时太阳辐射进入室内增加制冷负荷的问题。

　　如图 7-3 所示，候车大厅内的花卉造型构造柱同时起到采光的作用，可以称为"采光柱"。整个候车厅由 18 个这样的柱子支撑，柱子顶部是天窗，柱子从下到上渐渐放大，自然而然形成的天窗成为绝佳的采光构造，这种"倒三角"形式的采光柱不仅将天窗的面积增加到了最大，同时也尽量减少了地面所需的面积，为人流提供了更加宽敞的空间，构造柱完整的造型就像一朵马蹄莲，由位于室内的倒三角的"花杆"与伸出屋顶的四面体"花冠"组成，构造柱与屋顶相切的地方是三角形的采光天窗，天窗由透明的钢化玻璃封闭。为防止刺眼的强烈太阳光直接入射室内，天窗口还安装了层层的穿孔金属遮阳板，让高太阳高度角的阳光照射到穿孔金属遮阳板时形成漫反射再进入室内，这不仅为室内带来了柔和的光照提高了采光质量，也减少了室内的制冷负荷，节约了建筑能耗。

　　如图 7-4 所示，"采光柱"以一定间隔连续布置在建筑平面中是一种巧妙的手法，将采光与支撑结构等功能融合在了一起，在成矩阵状布设天窗的同时解决了支撑屋顶的立柱的安放问题。由于"采

光柱"连续布置且太阳直射光无法直接入射，这些设计均在一定程度上保证了室内天然光照度均匀、稳定。连续布置天窗以及大面积玻璃幕墙作为"侧窗"共同进行采光的方法，使得建筑室内通透，确保了充足的采光。该项目虽然不大且是单层建筑，但创意十足，通过一个"巧"字将建筑结构与采光功能结合起来。

图 7-4 "采光柱"顶部天窗遮阳格栅（图片来源：www.krisyaoartech.com）

7.1.2 Salesforce 塔楼及客运中心

Salesforce 项目是由佩里·克拉克·佩里建筑师事务所（PCPA）主持设计的，整个项目包括塔楼和客运中心两个部分，而 Salesforce 塔楼是目前旧金山最高的塔楼，高 326m，是经典的方尖碑样式。PCPA 在项目上融合了规划、建筑、交通、景观等多方面。位于湾区的客运中心和毗邻塔楼同时打造，有时被称为"西部的大中央总站"（相对于美国东部纽约的"大中央总站"）。与向来的低密度、低层、依赖私家车的郊区化发展不同，这是一个都市中心再生，协调高密度高层与可持续宜居体验的城市宣言。Salesforce 项目是旧金山环湾再开发的核心部分，项目的塔楼总建筑面积为 13 万 m²，由硅谷高科技公司 Salesforce 公司入驻并冠名。塔楼共 60 层从下自上渐渐收分，形成了修长挺拔的体量。塔楼为全玻璃幕墙结构，在阳光的照射下晶莹通透（图 7-5）。Salesforce 客运中心地上地下共计五层，包括地铁、巴士等多种交通系统，交通枢纽面积巨大。

Salesforce 塔楼由于是全玻璃幕墙结构，在湾区晴朗的天气下完全能够满足大楼的天然采光要求，实际上该建筑更加应该注重遮阳或者说天然光控制的问题。为了解决大楼的遮阳问题，塔楼的幕墙设计了水平与垂直的遮阳金属片（图 7-6），金属遮阳片经过渐变的处理，营造兼具理性与感性的建筑美感。但塔楼设置的水平与垂直遮阳仅能够遮挡太阳高度角较高时的太阳辐射，其他情况下大面积的玻璃幕墙仍会引入过多的太阳辐射从而增加建筑能耗。因此，该幕墙建筑选择了隔热效果佳的玻璃材料并进行了充分的内遮阳。

Salesforce 客运中心的采光方案是本章节重点阐述的内容。客运中心接驳了地铁、其他公共交通以及城市商业，是一种综合性的多层交通建筑。该客运中心为贯穿地上地下的多层建筑，是一个近乎开放的公共空间，由于这里是多种交通的接驳站，所以建筑的表皮由一层通透、多孔的金属板幕墙组成，这种幕墙相较于传统的封闭式金属板幕墙而言透光性更好，同时兼具通风、遮阳的作用，能够有效地排走建筑二层公交大巴的汽车尾气，改善室内热环境。客运站最独特的采光设计在于在客运站内连续布置的"沙漏状"采光井，客运站为增加各层的室内采光，在建筑设计时以一定间隔距离安置了采光井，该采光井贯穿地上两层与地下两层，高 36m（图 7-7）。"采光井"连接了室外天然光以及多层的中央站厅，延续了地面明亮又温暖的氛围，解决了大多数地铁站无法采光的难题，图 7-8 所示的是该采光井及其周围环境的表现。

我国也面临着地铁物业开发建设的问题，对于更为先进、生态融合的理念应该持一种吸收、借鉴的态度。当前我国的地铁站上或周边也多建设商业物业，地铁站的商业开发方兴未艾，生态融合、节能健康的理念还有待进一步开展，为数众多的地下空间缺少采光，连接其他公共交通以及商业楼宇的方式生硬，Salesforce 交通中心选

图 7-5　Salesforce 塔楼（建筑设计：PCPA）

图 7-6　Salesforce 塔楼的水平、垂直遮阳金属片

图 7-7　Salesforce 客运中心解剖示意图

图 7-8　salesforce 客运中心内的"采光井"

择了一种行之有效的采光方式贯穿了包括地下两层空间的多层空间与室外自然环境，将清洁、舒适的天然光资源引入车站，想必可对刚从地铁上下来的人员带来心情的放松，兼具节能等效益。

7.1.3　伦敦斯坦斯特德机场

作为当今最擅长运用高技术手法解决建筑问题的世界级建筑大师之一，福斯特在建筑设计过程中将技术主导的理念充分地融合。对他而言，技术本身不是运用的目的而是实现一定目标的手段，这些目标就是创造空间、引进光线和创造宜人的建筑环境。福斯特对天然光一直有一种特殊的热情，而且对怎样把天然光引入或反射到空间以及如何使它保持变化以加强对建筑的体验很感兴趣。因此，精心处理的光线在一定程度上是成就福斯特高品质建筑的一个关键因素，在实践中他更是不断创新，结合自己的技术理念做出一些令人赞叹的天然光采光建筑。

如今随着航空产业的高速发展，坐飞机旅行已经成为现今人们生活与工作的重要组成部分。由于乘坐飞机前需要办理登机手续等事情，人们除了要花较多的时间乘坐飞机，甚至要花更多的时间在飞机场停留。但人们在飞机场的体验大多并不是一个享受的过程。如何打造更舒适、贴心的候机环境以提升旅客在飞机场的体验和感受，成为一个十分具有现实意义的设计议题。采光设计作为影响整个空间感受的重要因素，一个柔和、温馨的光环境更容易让人感觉轻松、自在，而强烈且明亮的光环境更容易使人神志清醒。因此，如何打造适合的飞机场候机楼光环境，也成为改善旅客在飞机场甚至整个旅程中体验的一个重要方面。人们乘飞机来往于不同的地方，要体验的关键是飞机穿过云层在充满阳光的蓝天中翱翔。没有天然光或看不到外面景色的航站楼，往往把航空旅行的前奏变成了像乘潜水艇旅行一样的幽闭恐怖的经历，旅客通过登机通道进入狭窄的机舱后这种感觉又一次得到了强化。

充足的阳光会令人精神振奋、健康且舒适，如果能看到流动的云朵和明亮的太阳，天空时而有流云浮过，时而又出现晴空万里的景象就更会令人心旷神怡。这一重要的概念被福斯特所把握并且在1991年设计的斯坦斯特德机场中加以强调。

伦敦斯坦斯特德机场（London Stansted Airport），是一座位于英国伦敦的单跑道民用机场，多家欧洲廉价航空公司的枢纽港，虽然规模不大且候机楼地上部分为单层，但采光方案合理巧妙，获得了良好的采光效果，图7-9为斯坦斯特德机场候机厅。以往设计的航站楼屋顶天花板上有许多不同功能的设备和管道，致使屋顶非常厚重，日光无法从屋顶射入；当航站楼的平面较大时天然光很难通过侧窗（或立面上的玻璃幕墙）照到大厅的中心，厅内只能依靠人工照明。产生的热量又需要更多的设备和管道来处理，这种做法既浪费能源又难以获得舒适的视觉环境。综合考虑这些因素后，该机场采用了顶部采光的方式。将设备和管道设于地下室层，将屋顶解放出来使其成为轻盈的薄层。阳光可以通过屋顶采光孔射入室内，机场候机大厅的屋顶开出一个个"模块化"的天窗。图7-10所示为该机场候机厅剖面，可以看到屋顶由模块化的方形单元组成，每个

图7-9　斯坦斯特德机场候机厅（建筑设计：Foster + Partners）

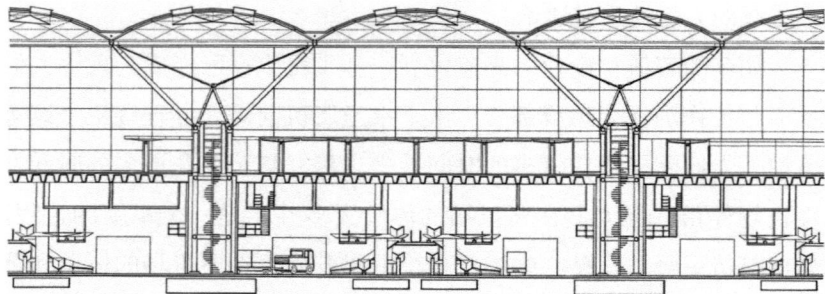

图7-10　机场剖面图（图片来源：www.fosterandpartners.com）

图7-11　斯坦斯特德机场候机厅的天窗设
计（图片来源：www.fosterandpartners.com）

图7-12　立面幕墙结合天窗的采光方式
（图片来源：www.fosterandpartners.com）

单元中心包含天窗设计，这种模块化的屋顶理念相当于实现了呈矩阵状连续布置天窗的效果，保证了整个室内可以获得天然光照明。

图7-11所示的是机场的天窗设计，整个天窗充分体现了模块化设计思路，采光方案并不复杂但却起到了良好的效果。平天窗下层安装的穿孔金属片，能够起到过滤光线的作用，将强烈、方向性强的太阳直射光消散为相对柔和的光线。部分太阳光透过玻璃直射到金属片上再被反射到天花板进而漫射在大厅里面，产生光线柔和且屋顶也较为明亮的天然光环境。

呈矩阵状连续布置的天窗虽然可以令天然光覆盖整个建筑平面，但为了能够确保室内外的视线沟通，并且令建筑更加通透、更加明亮，立面上大面积使用甚至全部使用玻璃幕墙是机场候机楼常见的选择。另外，航空服务的特点决定了旅客可能会有很长的候机时间，如果旅客可以从航站楼看到外面的停机坪和跑道，就可以观察到哪些飞机到港，哪些飞机离港，哪些飞机停在停机坪的机位上，从而减少不必要的慌张。这些都对外维护结构的采光和通透性提出了要求。斯坦斯特德机场候机楼中实体墙完全取消，客运廊的立面从地面到天花板均采用玻璃。全玻璃幕墙立面结合挑出的屋檐可以在提供充足的天然光的同时避免太阳直射。

斯坦斯特德机场候机楼是20世纪90年代初的设计，许多今天看似斯通见惯的设计在当时是具有创新与引领意味的，且该建筑现今依然发挥着良好的功能、光环境优良。该建筑方案再次印证了对于大平面建筑而言采用分布式小天窗单元的采光方式可以取得较好的采光效果，这种理念发挥到极致则发展出了类似"蜂巢"般的密布采光口（采光井）等形式的屋顶采光设计，这种采光方案应注意的要点在于如何巧妙地阻挡（消减）直射光的问题。全玻璃幕墙立面结合挑檐遮阳的方案已经在为数众多的机场建筑中得到采纳，也在实际运行中得到性能上的印证。当今新建机场建筑通常选择将立面玻璃幕墙向室外侧倾倒，这种设计主要是为了降低玻璃幕墙反光（有时可产生强烈的眩光）对于机场跑道上的飞行员以及周围环境所带来的影响。以上这些采光设计对策成为机场候机楼采光设计中屡试不爽的经典思路，启发着新建机场的设计方案。

7.1.4　北京首都国际机场 3 号航站楼

北京首都国际机场 3 号航站楼是世界上最大的已建成单体航站楼（截至 2018 年），属于特大型单体建筑。该建筑由福斯特及合作人设计公司进行方案设计，于 2008 年北京奥运会前夕完工。该机场的采光设计可以说与斯坦斯特德机场具有相似的采光设计理念，对于如此的大平面建筑同样采用了屋顶上安设呈矩阵状布置的天窗单元结合立面上全部使用玻璃幕墙的方式。如图 7-13 所示的是首都国际机场 T3 的屋顶采光部分，三角形的天窗呈矩阵状排列，由于面积过大从图片中的位置已经无法看到玻璃幕墙维护结构。图 7-14 为该机场航站楼采光的扼要分析图。

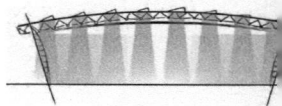

图 7-14　分散式天窗 + 立面玻璃幕墙采光方式

图 7-13　北京首都国际机场 T3 室内（建筑设计：Foster + Partners）

图 7-15　北京首都国际机场 T3 屋顶上的天窗（图片来源：www.fosterandpartners.com）

图 7-16　北京首都国际机场
T3 天窗开窗说明

图 7-17　北京首都国际机场
T3 天窗细部

　　图 7-15 为北京首都国际机场 T3 的天窗，在硕大的屋顶上分散布置了天窗采光单元。天窗的平面为三角形，天窗凸出屋顶的部分设计成一个三面金字塔形，其中两个面在垂直面上，顶盖稍翘起，这种设计使得天窗实际采光口可以为三个面，其中垂直面上的采光口朝向东、南方向。由于屋顶为曲面并且考虑到平衡采光与热工性能，该项目的天窗放弃了模块的设计思路，每个天窗形式相似但尺寸参数与采光口位置并不一致。如图 7-16 所示，天窗单元的尺寸与采光口位置都不尽相同，顶盖上开窗采光口面积大，采光效率高，但热工性能稍差；垂直面开窗采光量少，但热工性能更好，因此在建筑平面的中心位置采用大开窗面积，在边缘区域或进深较小的部分（因为存在立面幕墙采光）选择小开窗面积。此外，天窗考虑太阳的入射角不同，因而巧妙地做了尺寸大小的变化，在屋顶上的排列方式也根据屋顶的形状曲面以及太阳光线的分布规律进行了调节。这种在统一形式下的精细化设计是经过优化分析后得出的结论。

　　图 7-17 所示的 T3 的屋顶分上中下三层结构：上层为金属面板，中层为钢结构网架，下层为条形格栅吊顶。上层是金属面板组成的结构，室内侧颜色从红色过渡到橙色，具有一定的指向性。中层为网架结构起支撑整个屋顶的作用。下层为较为密集的条形格栅吊顶，由白粉涂层的挤压铝条制成，格栅均为南北向排列，可以起到提示南北向的作用。格栅层一方面作为屋顶室内侧的装饰层在一定程度上掩盖了钢结构，另一方面起到了很好的控制光线、发散光线的作用。

T3 的玻璃幕墙上又精心设计了室外遮阳系统以控制光线，金属遮阳板在立面上的位置以及倾斜方向、尺寸大小都根据北京地区的日照特征进行了特别的设计。屋顶尤其在朝南方向上有很长的悬挑，减少了穿过玻璃幕墙直接入射室内的太阳能，同时仍可保证旅客的视野和建筑的通透性。图 7-18 所示的是玻璃幕墙向外倾斜 15°，人在水平向窗外望的时候不会被自己玻璃上的倒影干扰；金属遮阳板的设计保证部分太阳直射光照不到室内。

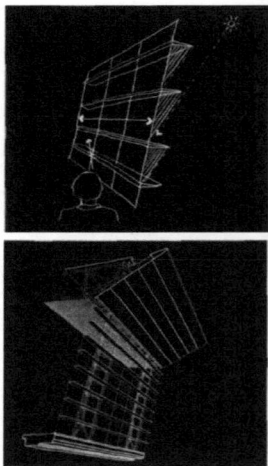

图 7-18　向外倾倒式玻璃幕墙及其遮阳措施

7.1.5　交通建筑采光总结

本书选择了 4 个案例说明交通建筑的采光，实际上交通建筑的采光营造方式多种多样、不胜枚举，且随着建筑技术、材料、控制等领域的发展以及人们对于建筑的理念与审美等的进化，交通建筑的采光方式变得更为丰富。但还是针对交通建筑采光的一般方面做出一定的总结说明：天窗是大多数交通建筑优先选择的采光方式，除了交通建筑，部分体育馆、展览馆等大空间单层或多层建筑也通常优选天窗采光，但交通建筑对于天窗采光的要求与体育馆并不相同。交通建筑的使用者主要为游客，从其最基本的要求而言通过采光在地面上产生一定的照度即可以保证游客的活动，即空间内不出现暗区；高标准地说，建筑室内通透的室内视觉感受，柔和、充足的天然光线，与室外环境良好的视线沟通这些是游客所看重的、会令游客感觉更好。

在天窗的设计上选择分散式还是集中式是进行天窗设计时最先考虑的问题，本章节中选取的 4 个案例均采纳了分散式天窗设计，这是由建筑物形状决定的。分散式天窗的优点在于可以全面照顾到建筑平面，营造相对均匀的光环境，适合于平面较大的建筑形态；对于平面较为狭长的建筑而言，使用集中式天窗也可以有效地解决采光问题，如目前在建的位于大兴的北京新机场由于候机部分较为狭长则选择了集中的带型天窗，具体的选择需要根据建筑平面与天窗设计通过严谨的采光分析后确定，避免由于天窗设计不合理导致的室内照度偏低或显著不均匀的问题。对于多层的交通建筑（通常为 2 ~ 4 层），由天窗入射的天然光可以通过贯穿各楼层的"光井"进而照明低楼层。

侧窗或者是立面上的玻璃幕墙也是交通建筑采光的主要途径之

一，除了可以给进深较浅的区域提供采光外，营造建筑的通透感、保证室内外良好的视线沟通也是侧窗的作用。天窗与侧窗相结合的方案是交通建筑采光的普遍选择。

无论侧窗还是天窗，如何进行遮阳处理都是需要技巧的。侧窗的遮阳分析在前文中讲述较多可做参考，表 7-1 列出了几个天窗的遮阳方案供读者参考，对遮阳设计而言，也做如下建议：

（1）对于屋顶采用单层结构且不使用格栅的交通建筑，"锯齿形天窗"及其衍生方案不失为良好的选择且经济性突出。

（2）采光口分散更有利于在大空间上营造均匀的光环境，从采光设计的灵活性以及限制眩光等功能性需求出发，机场等大型开敞空间使用双层外壳结构结合矩阵式布置的平天窗有利于营造更为优良的天然光环境。

若干交通建筑的遮阳方案分析　　　　　　　　表 7-1

 伦敦希斯罗机场 T2 天窗	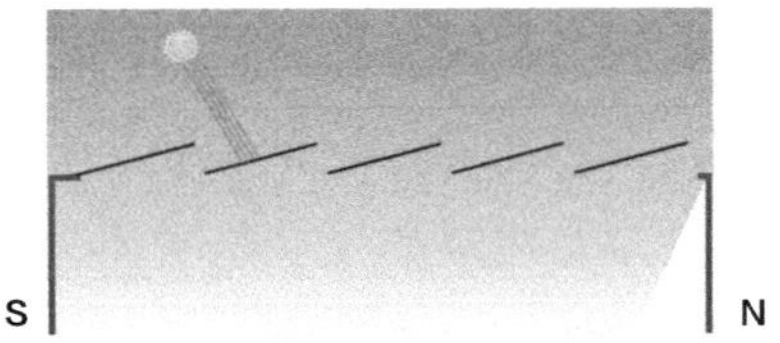 伦敦希斯罗机场天窗遮阳分析
 香港赤腊角国际机场航站楼天窗	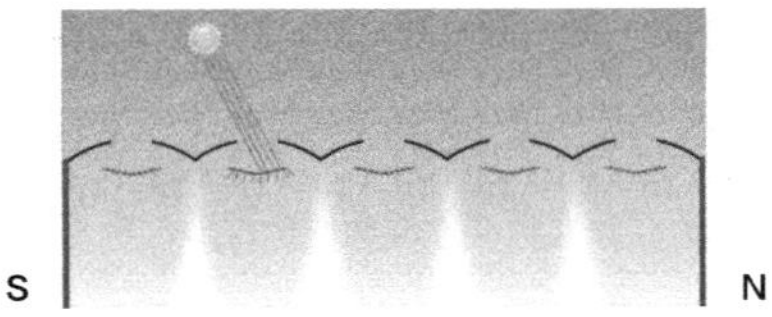 香港赤腊角国际机场天窗遮阳分析
 广州新白云机场航站楼天窗	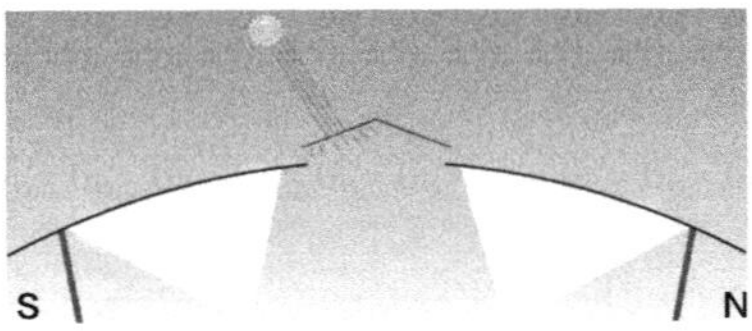 广州新白云机场航站楼遮阳分析
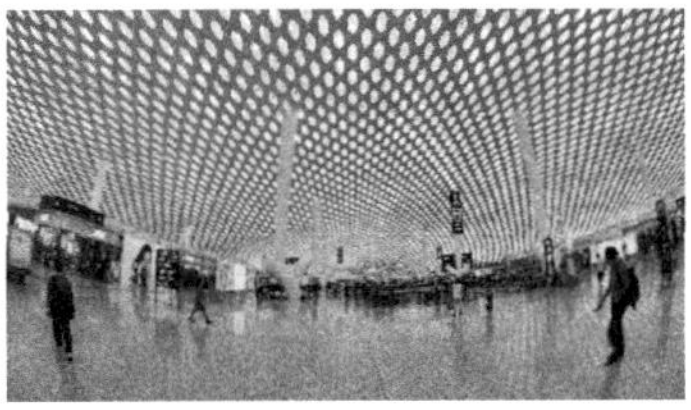 深圳宝安机场 T3 双层"蜂窝"表皮	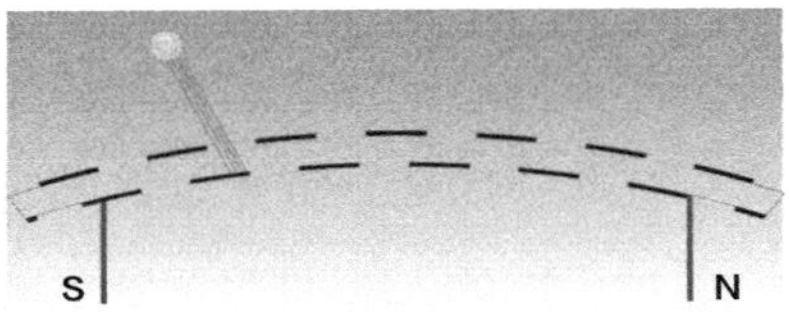 深圳宝安机场 T3 双层"蜂窝"表皮遮阳分析

（3）交通建筑的天窗下采用低透光率漫透射膜材料具有限制眩光的效果，有利于室内光环境柔和稳定，但该做法在限制眩光的同时，也大幅降低了采光效率，建议控制其使用范围。

（4）大空间公共建筑的采光设计应以功能性为主，开窗形式应得到公众认可，在满足功能要求的前提下，选择构造简单的开窗形式、避免过于密集的阵列形式。

7.2　医疗建筑

天然光来源于太阳辐射，太阳辐射光谱除可见光外还包含紫外线、红外线等成分，不仅加热了建筑表面与室内空间，在一定程度上具有杀菌消毒作用。因此，建筑采光同时具有改善室内光热环境、抑制室内返潮、改善建筑的卫生条件等作用。此外，人类在长期进化的过程中接触天然光的时间最长，在一定程度上人体（包括视觉生理系统）是天然光选择的结果，大多数人认为天然光是最舒适的光源，天然光的健康效益也同样突出，在本书前面章节已有论述。医院与养老建筑的受众是身体欠佳、体力较弱的人群，良好的天然光环境对他们身心健康的重要作用不言而喻。因此，采光是医疗建筑的重要考虑因素。同时，采光往往也是一栋医院或养老建筑的建筑形体、细部构造的设计构思来源。

有学者通过问卷调查、现场测量和计算机模拟等手段开展了医院病房的光环境调研，结果表明病房的视觉舒适性不佳，病房光环境的物理因素的影响程度顺序为：方位、窗户设计（大小、位置）、外遮阳设施、玻璃的透光率和室内的表面反射率。有研究主张：医疗建筑在条件允许的情况下尽量使用天然采光，将人工光环境作为天然光的有益补充，综合考虑二者各自的优缺点在不同的功能区域选择使用。

国内医疗建筑包括养老院对于光环境的营造重视程度有待提高，医疗建筑中采光、照明环境不够理想的情况时有发生，导致病患与老年人的心理需求与实际使用环境有落差。不少医疗建筑建成年代早，老楼的采光理念难以满足新近对于医疗建筑采光提出的要求，通过后期的人工照明系统更新换代以及室内装修翻新在一定程度上有助于提升室内光环境品质，但同时也应该关注医疗建筑旧楼改造中提升采光表现的方式方法。对于新建医疗建筑，如病房、养老院等房间，应重点关注采光、视觉舒适度以及光色等问题，对于医疗建筑的公共区域在建筑设计初期就应考虑是否可以布置到便于采光的位置，综合建筑的平面布局、中庭设计、采光辅助系统、遮阳构件等开展设计。

7.2.1 南京鼓楼医院

南京鼓楼医院位于江苏省南京市鼓楼区，2004 年为应对南京人口迅速上涨所产生的新增医疗服务需求，鼓楼医院计划在中山路和天津路之间实施一个约 32000m² 的新扩展。该建筑由瑞士建筑事务所 Lemanarc SA 华裔建筑师张万桑设计。扩建后的医院共设有 2800 个床位，其中 1600 个是由新扩张需要。医院的整体建筑面积 230000m²。建筑师张万桑有言："我们建造的不是巨大冰冷的医疗机器，而是温暖怡人的医疗花园。"图 7-19 所示的是南京鼓楼医院外观，从图中可以明显看到建筑的立面设计具有特色，建筑中包含一处较大的内庭院。以上的显著特征都在一定程度上与天然光环境相关，图 7-20 为该医院的内庭院，当前在具有一定规模的医院中规划出一处内庭院的做法被广泛采纳。在医院建筑中营造一处可接近自然的环境，如绿植、天然光、自然流动的空气（非污染天气下）等因素都有利于病患保持心情舒畅，并为其提供活动空间，对病情起到积极的作用。具体到采光上，设计一处内庭也令围合四周的建筑立面具有了采光能力，有助于建筑师在设计时更好地组织可采光的建筑空间、充分利用天然光资源。类似的设计思路在国际上优秀的医院设计案例中也屡见不鲜，已经被广泛地证实其积极作用。南京鼓楼医院南扩工程的中庭（天井）和侧窗是其采光设计的特色所在，具体分析如下。

图 7-19　南京鼓楼医院鸟瞰图（建筑设计：Lemanarc SA）

图 7-20　医院内庭院

　　南京鼓楼医院南扩工程在采光设计上考虑得较为周到，设计时以充分利用天然光为出发点。建筑中设计了一个较大的中庭并开设了多个采光井，如此重视天然光的引入使得无论身处医院何处，都能贴近天然采光，为医患带来舒适的感受。图 7-21 为该建筑的剖面图，从图中可以看到该建筑除了拥有一处由建筑围合出的内庭院外还设计了一个尺寸较大的中庭，这些设计思路都有利于将天然光引入建筑室内。建筑平面上采用"回"字形布局。建筑总体将大体量建筑分成两块，一方面响应"低层建筑"的设计理念，另一方面避免了中庭高度过高对采光造成的影响，每个"回"字形体量中间的中庭、内庭院确保两块体量各自的采光效果。图 7-22 是该建筑中庭，在中庭的内部，立面第二层由单面磨砂玻璃构成，半透明的材质带来明亮柔和的天然采光，地板采用反射率较高的材料，这是一项增加采光的举措。充足的天然光让很多进入医院的患者感觉到温暖而不是冰冷。图 7-23 是于医院主体建筑屋顶上开设的采光井的采光效果，此类尺寸较小的采光井有助于消除建筑核心区域"零采光"的现象，可令建筑中的工作人员心情舒畅、提高工作效率，并令在楼层中行走的病患感觉更好。此外建筑屋顶上还开设有平天窗等为顶层增添了天然光。

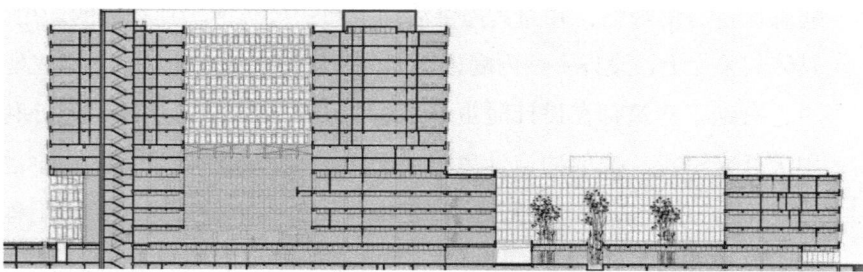

图 7-21　建筑剖面图

图 7-22　鼓楼医院中庭内部采光

图 7-23　小采光井及其采光效果

图 7-24 立面遮阳设计

图 7-25 从室内侧看窗外

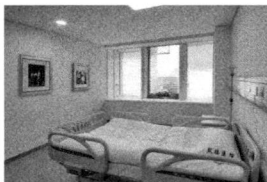
图 7-26 鼓楼医院病房

建筑的立面是该建筑设计的特色之一。从视觉上建筑呈现出凹窗与凸窗的观感，两层窗户以一定的规则相互搭配，具有视觉冲击力。

从营造光环境功能方面而言，立面的设计主要实现了遮阳的功能。立面实际分为三层，内层为侧窗，侧窗外为磨砂玻璃层，即在侧窗外侧以一固定间距悬挂了统一规格的磨砂玻璃；最外层为穿孔铝板层，即垂直的穿孔铝板以一定规则固定在磨砂玻璃间隔中（图 7-24）。分层设置穿孔铝板和磨砂玻璃作为遮阳构件，高度设置合适，起到遮阳、防止眩光以及散射天然光线的作用。病房的侧窗不仅具有采光的作用，同时也是患者了解外界环境的窗口，患者通过窗户感知并且和外界交流，部分无遮阳的玻璃窗可以与室外进行视线沟通。图 7-25 是该医院中某典型病房向窗外视看的效果，从图片可以看出该侧窗系统虽然预留了小部分面积供人瞭望窗外景色，但从建筑采光专业的角度而言，这种设计稍具争议，然而，固定的设计毕竟降低了后期的维护成本，总体而言这种设计做法在一定程度上起到了遮阳的作用，可令室内光线柔和。图 7-26 为南京鼓楼医院扩建建筑中的标准病房，从该图可知室内立面遮阳方案营造了柔和、明亮的室内光环境。此外，针对南京地区夏季闷热的气候特点，建筑师张万桑为立面设置了侧向的通风，有效带走表皮积热，大幅降低能耗，让建筑给人们提供更为舒适的环境。

7.2.2 雷·胡安·卡洛斯医院

雷·胡安·卡洛斯医院（Rey Juan Carlos Hospital）位于西班牙马德里，设计项目尊重地域性气候特征以及绿色建筑理念。项目重点考虑了当地的大陆性气候，将医院的住院部安置在两个柔和的椭圆中，这个设计消除了一般建筑呆板的体块印象，同时形成了有效的向心式交通。雷·胡安·卡洛斯医院项目考虑到周围既有建筑，通过使用功能建立起相应的联系使之具有吸引力，并在设计中特别关注人的尺度、采光方式与遮阳措施，但最主要的是使患者以及他们的家人切身感受到诊疗活动无时无刻都是以他们为中心展开的。椭圆塔楼连同下方的裙房形成一个新模式的医疗建筑，使人们在接受治疗的同时享受到天然光和安静（图 7-27）。

马德里气候干燥，全年降水不多，夏季炎热，日照强烈，冬季相对较冷，最冷的 1 月份平均气温 6 度，但即便如此晴天日数依旧

图 7-27　雷·胡安·卡洛斯医院（建筑设计：Rafael de La-Hoz）

图 7-28　医院塔楼中的庭院
（图片来源：www.archinect.com）

占大多数。此建筑设计充分适应了气候特点，将遮阳放在首要考虑的位置。首先，住院部被安置在两个柔软的椭圆中，塔楼部分并不是完全封闭的，塔楼中部是椭圆形庭院绿化，庭院顶部为曲面盖板，北侧开口高于南侧开口，有利于北向均匀的天然光进入塔楼内。住院部的房间视线多种多样，裙房上空的屋顶进行了绿化，也是为了使人们从房间眺望出去的景观价值更高。建筑设计以可持续发展为目标，使用绿色环保材料，考虑城市环境中的太阳角度，利用曲面盖板为建筑引入自然通风与采光，降低建筑的建造与运营成本。由于顶部曲面盖板引入了均匀天然光进入建筑，塔楼周围廊道侧向设计为通透的落地幕墙，保证白天基本不需要灯光照明（图 7-28）。这是本项目具有标志性的设计，是应对当地气候特征的选择，马德里当地日照强烈，建筑中大尺度的中庭在一年中的大多数时段有遮阳需求，因而采取实体遮盖的方案。这种设计保证了中庭的人员活动，对于康复作用也很大。

如图 7-29 所示，住院部的病房外侧采用双层表皮遮阳、采光和通风，如果从采光的角度出发可以将外层理解为一种固定的外遮阳装置。外层表皮形状为圆形内凹型，每个圆形正对房间窗口，材料为可透光磨砂材质，由于在加工时使用了冲压工艺导致下凹部分较薄，从而使得该部分呈现出透明的特点，可以视看窗外景色，对应的房间室内效果如图 7-30 所示。窗户分成两部分，侧向有可开启通风的窗口，中部为不可开启的窗口，窗口较低，使得病人在病床上就能与室外进行一定的视线交流。

住院部塔楼的形象成为该医院的标志，而塔楼下部的基座由相互贯通连接的 3 个长方体组成，构成一个具有清晰空间序列的复杂系统，因此，整个基座也可看作是一台"治疗的机器的 3 个长方体有效地组织起流线"，其中两端的 2 个长方体对内外流线有明确的区分。传统基座由于顶部塔楼的存在无法有比较好的顶部采光，只能利用侧向采光，而雷·胡安·卡洛斯医院却打破传统，由于塔楼只占据屋顶的部分面积，其余的屋顶部分则设计了极具形式感的圆形天窗（图 7-31），在具备采光功能的同时以一种具有"符号化"的语言将建筑呈现在世人眼前。此外该项目使用内街形式，即一条 3 层通高的内街，内街利用顶部采光罩与塔楼的庭院相连进行采光，而有部分采光罩则直接与室外相连采光，采光洞内的采光罩设计为凸面球体，能引入更多的天然光（图 7-32）。

雷·胡安·卡洛斯医院是将天然采光的手段融入建筑形体设计之中，使得整个建筑在空间组织与建筑细部方面都别具一格。无论是塔楼立面上下凹的圆形采光口还是裙楼上圆形的天窗以及内庭"盖子"上圆形的开孔，都将极具形式感的圆形采光口作为建筑特点。

图 7-29　住院楼双层表皮

图 7-30　病房室内

图 7-31　裙楼部分天窗采光
（图片来源：www.archinect.com）

图 7-32　医院街部分天窗采光
（图片来源：www.archinect.com）

值得一提的是，南京鼓楼医院以及雷·胡安·卡洛斯医院都在建筑设计中营造出了内庭院，这种在医院建筑中模拟自然环境的空间，有利于病患康复以及心情舒畅，也为围合庭院的建筑提供了采光上的方便，值得有一定规模的医院借鉴。当然，即便是与自然环境直接沟通的内庭院的光环境设计也值得根据项目所在地的光气候（甚至是空气污染情况）等实际特点进行设计，如雷·胡安·卡洛斯医院在内庭顶部设计遮阳的做法是适应气候特点的结果；如果某些城市常年空气污染较为严重，及至冬季更是常出现重度空气污染，则应该考虑给建筑内围合出的庭院加上"盖子"。

7.2.3　西伦托夫人儿童医院

儿童医院的主要服务对象是 14 周岁以下的儿童，这些儿童正处于发育期，生理、心理特点不同于中年人和老年人等其他人群，儿童在医院就医时会产生不同程度的恐惧、陌生和孤独感等负面情绪。充足的天然采光有助于令儿童感觉更放松。因此，应首先考虑白天多采用天然光照明。天然光下观察事物不易疲劳，大范围的天然光环境也可令人心旷神怡。其次，天然光参与人体维生素的合成，儿童经常接受天然光照射可预防佝偻病。同时也要避免阳光直射入室产生眩光。不少新建成的儿童医院在设计时选择充分采光并在建筑中融入具有儿童趣味的元素：建筑大面积的玻璃幕墙和合理开辟的中庭保证了充足的采光，同时童趣性的室内装置或是立面涂装深受儿童喜爱，内部公共空间使用了色彩丰富且鲜艳的配色，使得医院重造了其亲和力与活力。现代儿童医院多采用一些不同于其他医疗建筑的内部装饰和材质，如在墙上、走廊绘制彩画、动物、自然等。在墙壁上用儿童画做装饰，既富有童趣，也可以缓解儿童在就医时产生的负面情绪。

图 7-33 所示为建于澳大利亚布里斯班的新西伦托夫人儿童医院（New Lady Cilento Children's Hospital），该建筑在外观上给人印象最深刻的就是立面上连续布置的颜色鲜艳的大尺寸垂直遮阳板以及在竖向设计中安插的多个跨度两个层高的"景观飘台"。该儿童医院建成于 2014 年，建筑面积 11.5 万 m²，建筑设计为 Conrad Gargett Lyons；建筑的外表色彩鲜艳，结合了附近公园里常见的绿色和紫色，可以说是专门为儿童设计的建筑。在形式和体量上也颠覆了裙楼之

图 7-33 新西伦托夫人儿童医院（建筑设计：Conrad Gargett Lyons）

上插塔楼的传统模式，设计成为一个中等高度、具有雕塑感且有屋顶花园的建筑。

设计基于"有益于健康"的理念，即但凡对病患康复有利的建筑设计手段均在该设计中进行了考虑并部分得到了应用。被研究证实的直接有助于患者健康或令其感觉更好的设计策略在建筑中都得以体现，如清晰的流线、与外界的联系、自然景观、天然采光等为患者提供绿色和可持续的环境等。

建筑师也强调该建筑是基于一种"生命之树"的理念。这种概念是在建筑设计早期与业主以及医院未来使用者商讨后决定的，建筑的中庭就好比一棵大树的主干，而各个楼层则可视为"枝干"，开敞的飘台则是树枝之间的"空档"，一棵"大树"矗立在街区之中，服务于整个城市。此外值得一提的是，每个枝干都得到了良好的天然采光，并且充分考虑了遮阳问题。

图 7-34 所示的该医院中庭，可以一目了然地看到连接中庭的房间在中庭内壁上开设了大面积的侧窗，此举有效地提高了房间内天然光照度的均匀度，在一定程度上解决了大进深空间采光不足的问题。更关键地是增加了房间的通透性，令房间内的人员可以看到窗外的景观，即中庭中悬吊的一些充满童趣的卡通动物模型。图7-35 为建筑外立面，遮阳装置成为立面上最突出的元素，足尺寸的垂直遮阳板有助于阻止天空晴朗时照射立面的太阳直射光，对于布里斯班这种晴天时数较多的城市充分的遮阳设计是必须的。采用固定的垂直遮阳方案是一种实用的选择，但该项目的遮阳板根据立面不同的位置也进行了专门的参数调整，尺寸、安装角度均为定制设

143

图 7-35 医院立面（局部）

图 7-34 医院中庭

图 7-36 医院中设计的立体开敞空间效果图

计，力求合理遮阳。受限于建筑场地规模，该建筑并未设计完全开敞的内庭院，但在纵向设计中穿插安置了若干个景观飘台。图 7-36 为其中一个景观飘台的设计效果图，该飘台为约两层楼高的开敞空间，较之房间给人以宽敞的感觉。这种设计在一定程度上起到内庭院的作用，令该建筑用户可以在飘台上活动，更为充分地享受天然光，避免房间室内环境给人带来的压迫感，且天然光环境也更加有利于儿童的康复，尤其对于佝偻病等病症的痊愈可起到关键作用。

7.2.4　约讷河畔小镇老人院

法国约讷河畔小镇老人院位于法国 Pont sur Yonne 小镇，由 Dominique Coulon & Associes 设计，项目建成于 2014 年，建筑面积 5395m²，建筑共两层，96 个房间，属于低层老年住宅（图 7-37）。在设计这座老人院时，建筑师特别注重建筑的功能性，无论是流线、采光还是材料都力求做到最好，为老人营造温馨舒适且有尊严的生活空间。法国约讷河畔小镇老人院的平面布置、中庭与走廊以及房

图 7-37　法国约讷河畔小镇老人院外观（建筑设计：Dominique Coulon & associés）

间颜色是其采光设计的特色所在。

　　图 7-38 为该建筑平面，建筑中深灰色块部分为中庭，有利于在建筑内部组织采光；平台上的灰色块为挖空部分，建筑的南向有大面积的平台，可供人员休憩、活动并欣赏景色。该建筑面积不大，但在开窗上考虑周到，确保了无论身处建筑何处均具有较好的视野，能看到周围美丽的景色；其中一楼南侧的两个平台朝向约讷河。

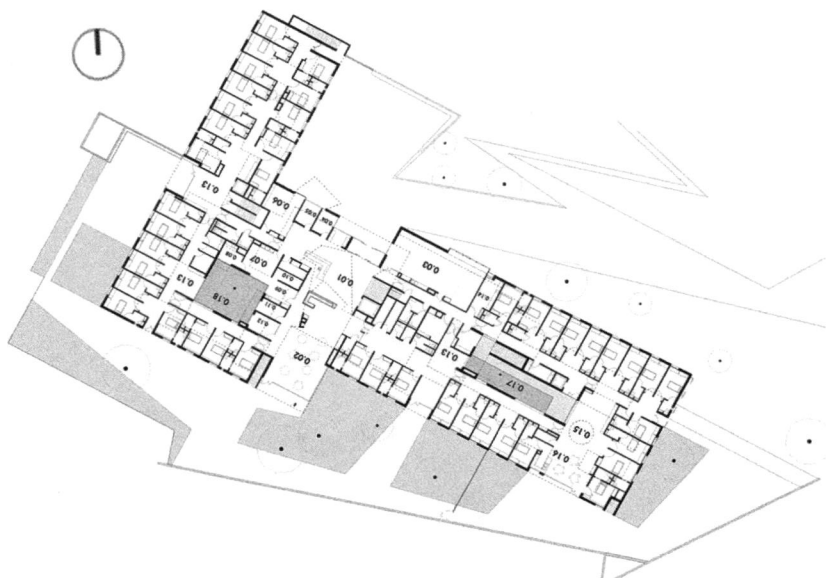

图 7-38　建筑平面（图片来源：www.archdaily.com）

生活区内的公共空间（图 7-39）被设置在建筑的南侧，利于采光，长条形的窗户在充分采光的同时也保证了室内人员的视野，将景色引入室内。

两个种植庭院是建筑的采光井，照亮了所有的交通流线，便于老人在室内散步。图 7-40 为一处粉红色涂装的中庭，这种颜色对于老年人可能会带来某种温暖的心理暗示；位于粉色光影下的休息区内布置着符合人体工学的长椅，为老人们提供休息聊天的场所。走廊围绕或靠近中庭布置，在靠窗处设置了休憩空间，靠近中庭的外墙以大面积玻璃与白色表面布置，增加了采光量。换句话说，两个种植庭院是建筑的采光井，照亮了所有的交通流线，便于老人在室内散步。

建筑在布局时也特别注意将公共区域设计的既具有流动性又比较通透，如餐厅占据楼层中央位置面对大厅，且向南敞开。有遮盖的叠落式平台可以进一步提高居住在此的老人们的生活质量，令他们有条件接触自然环境。该建筑北侧入口是一个两层通高的大厅，二层位置设置采光侧窗，北向柔和的光线从侧窗透入，再经过白色表面的反射，使得室内采光良好。北侧的多功能厅则采用横向的长窗，充分利用了北向柔和的光线。

个人房间的大小为 20m²，经过精心的设计，沿着窗台一侧，建筑师为老人们设置了写字台和整体家具，加深了立面的稳重感。三种房型拥有不同的墙壁颜色和窗口朝向。室内总体颜色是白色，这与"老年人最喜欢中间色光（白光），认为视看容易、放松舒适"的设计原则相符。另外，三种不同的房型由不同的墙壁颜色和朝向进行区分，图 7-41 所示为黄色墙壁颜色，此外还有粉色、白色，这

图 7-39　南侧公共空间
（图片来源：www.archdaily.com）

图 7-40　建筑中的中庭
（图片来源：www.archdaily.com）

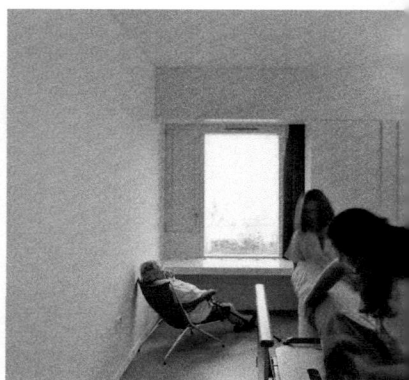

图 7-41　房间室内
（图片来源：www.archdaily.com）

种设计考虑到老人偏好的暖颜色，也用于区分不同的房型，书桌高度保证老人躺在椅子上向外看风景时的视线不被阻挡。

约讷河畔小镇老人院体量并不大，但在建筑设计时充满了对老年人的关怀，以老年人的感受为中心展开设计，在组织天然光时做到了在小面积建筑中充分利用资源，确保几乎全部的交通流线上均有采光与景观视野，公共空间更是在平面布置时就考虑了采光问题，室外的半开敞、开敞平台也有助于老年人活动并接触天然光环境，个人房间的设计在保证采光的同时使用了粉色、黄色、白色等色彩，这些颜色的运用对于老人的心态均具有一定的积极作用。

7.2.5　医疗建筑采光总结

由于医院建筑的功能分区不同，对其光环境要求各有不同。因而，医院光环境不仅要充分满足医疗技术的使用要求，而且还要充分发挥医院本身的功能，提供有效的医疗服务，为患者营造一个宁静和谐的氛围。无论是对患者的治疗和康复的作用，还是对医护人员工作状态的影响，都具有不容忽视的作用。虽然目前我国医院建筑设计水平较之前些年有所提高，但是在采光设计等理念以及技术方面，还有很大的提升空间。

据国外的研究数据表明："如果病人能透过窗户看到室外的风景，要比他们直接看到墙壁需要的药品少，康复速度也相对提高。"虽然还没有相关数据表明天然光辐射是否能促进病人康复的速度，但是有一点可以肯定，利用天然光，可以更贴近人正常的生活和生理需求。这一用光的原则在20世纪中早期就得到了认同并开始流行，尤其是疗养院建筑。欧洲人提倡将疗养院的住院部设计成手状结构，沿着南、东南或者西南的方向辐射而来，主要目的是获得最大的采光效果。要想使得这一理念得到充分的利用，就需要占用大量的土地。随着现代社会的进步，房地产行业的不断发展，土地越发金贵，这一理念正逐渐被忽略。直到20世纪90年代，由于资源短缺的问题，节能、环保、可持续发展的呼声越来越高，天然光的运用才重新回归到人们的视野。天然光不仅顺应了时代的需求，同时还满足了人们生理和心理上的需要。虽然目前我国并没有这么多的医疗建筑用地，但是这是一个发展趋势，也是建筑设计需要考虑的重要因素。更新的采光理念、纵向设计思路以及不断发展的采光技术都有助于提高医疗建筑采光水准。

在设计医疗建筑采光时，首先需要明确一点，不能简单地将酒店甚至是一般住宅的采光设计方法直接套用在医疗建筑上。对于医疗建筑而言，病患或者年迈的老人有接触自然的需求，且充足的采光以及适宜的光色（颜色）对于生理心理都是不无裨益的。因此，在成规模的医疗建筑中应考虑设计中庭或其他形式的庭院，并据此考虑其对于整个建筑组织采光的作用。交通流线在医疗建筑中也是被频繁使用的空间，这点就和酒店与住宅截然不同，在条件允许的情况下交通流线能采光、能有视野是最理想的；病房以及老人院的个人房间等的光环境也应该注意不必要使用过大的进深并注意严格限制天然光可能产生的眩光。

医院建筑的整体布局形式多样，对于大体量的医院建筑来说，如南京鼓楼医院南扩工程，建筑师将该大体量建筑分成了两块，每块中间布置大天井，形成两个"回"字型的整体布局，将大体量建筑分成两块，避免了中庭高度过高对采光造成的影响。对于小体量医院建筑来说，利用一条连续的坡道贯穿所有楼层，实际是在有限的用地空间里面将紧凑的建筑空间进行围合，形成中庭内院，争取了中庭采光。此外，在南向布置宽敞的建筑空间，北向的房间进深较小也有利于增强北侧房间采光，使室内采光更加均匀。

养老建筑的整体布局与建筑体量有关，低层老年住宅的典型手法如西班牙巴利亚多利德老年人住宅、法国约讷河畔小镇老人院，两者不约而同地在建筑中间置入了中庭。多层老年住宅典型建筑如葡萄牙奥埃拉什老年中心，实际上此建筑更接近于一般的公寓：各层一条过道连接两排公寓单间，它的突出手法是过道空间上方天窗的引入以及通高空间的设置。高层老年住宅典型建筑如巴塞罗那 JÚLIA Tower 老年公寓，虽然它的纵向高度较大，但其面宽与进深合适，且每层外围设置连廊，既起到遮阳，又起到分散光线的作用，并增加了室内采光。至于房间布局，则把厨卫等次要功能空间至于采光不利的建筑中部，使卧室房间争取到极好的采光。

无论是医院建筑还是养老建筑，中庭（或者天井、内院）是常常采用的典型空间。

关于医院中庭，将其分为温室型、两面型、三面型、四面型和线性中庭。台湾马偕医院淡水院区马偕楼的入口大厅是典型的三面型中庭，该中庭具有明亮舒适的门厅空间，同时也为门诊的走廊和诊室提供良好的光线；南京鼓楼医院南扩工程的大天井是典型的四面型中庭，相对来说，四面型中庭内部接受阳光直射的部分比较少，大部分为反射和折射光，因此，需要在适当的位置根据季节和时间设置反射装置和具有扩散性的透光装置，以形成柔和舒适的光环境，南京鼓楼医院南扩工程大天井内部的壁面及地板均采用半透明或反射率较高的材料，使射入天井的光线得到很好的扩散和反射。

对于养老建筑，中庭一般出现在低层老年住宅中，英国剑桥大学马丁研究中心的大量建筑实例研究表明：随着中庭高度的增加，到达相邻空间直射光线的进深迅速减少。因此，为保证中庭的相邻空间能获得足够的天然采光，中庭高宽比例的最大值是 3∶1，在这个范围之内，中庭的相邻空间就能得到足够的照度。低层养老建筑由于高度较小，中庭高宽比例往往小于 3∶1，因此在其中设置中庭能够取得很好的采光效果。

在中庭旁边或附近通常设有走廊，走廊一方面得益于中庭采光，自身能够取得充足的照度，便于病人或老人的行走，另一方面防止来自中庭的阳光直接照射走廊旁边的病房或公寓（尤其是南向的走廊），且在一定程度上分散了直射光，使房间达到均匀采光的目的。此外，还可以沿中庭旁边的走廊布置停留设施，法国约讷河畔小镇老人院还在中庭旁边的走廊边上布置了符合人体工学的长椅，为老人们提供边晒太阳边休息聊天的场所。

医院建筑的重点空间在于病房，养老建筑的重点空间在于居住房间，而病房或房间的重点构造细部在于外窗和遮阳构件。病房或房间的外窗起到的作用不仅是采光，同时也是患者或老人了解外界环境的窗口，患者或老人通过窗户感知并且和外界交流。因此，病房或房间的外窗及遮阳设计往往是重点考虑的细部。窗在病房或房间一般是大面积设置的玻璃表面，如台湾马偕医院淡水院区马偕楼面向淡水河的大面积开窗，既起取景又起采光作用。同时窗台高度的设置也有讲究，如法国约讷河畔小镇老人院的窗台高度能够使老人躺在椅子上向外看风景时，视线不被阻挡。与此同时，遮阳构件在外窗设计中必不可少——一方面阻止大量阳光的直接照射，另一方面能够防止眩光。南京鼓楼医院南扩工程将外层表皮与穿孔铝板相结合的遮阳构件，在起到防止眩光作用的同时，又尽量多的使光透进。葡萄牙奥埃拉什老年中心在外墙设置颜色统一的遮阳板，避免了光线直射造成的眩光，营造丰富的阴影变化，且照顾了老年人生活的私密性。这两个案例都是优良的遮阳构件设计。

医院与养老建筑细部的另一个重要特点是壁面颜色的选择，两者均大量采用白色作为主要颜色。白色在医院建筑中意味着卫生干净，也给人安定之感。而白色又是老年人喜欢的视看颜色。另外，白色表面具有较高的反射率，能够使光线在房间内反射、扩散，一定程度上增加了病房室内的照度。

其他细部构造典型的如屋顶小采光天井，如南京鼓楼医院南扩工程与葡萄牙奥埃拉什老年中心，这是特属于顶层的天然采光装置，对增加顶层的采光十分有利。

尽管上述的案例都是经过挑选的医院和养老建筑优秀采光案例，但综合美观等方面的因素，某些建筑难免会出现缺陷，如台湾马偕医院淡水院区马偕楼的入口大厅和众多房间朝向为西向，其大面积的玻璃幕墙与开窗导致比较严重的西晒问题；湖南省保靖县昂洞卫生院病房的开窗与列柱倾斜方向不合理，导致下午有大量阳光射入。这些缺陷也恰恰说明优秀的医院和养老建筑的采光设计并非十全十美，相反，采光设计仅仅是其考虑的一个部分，其重视程度取决于建筑师的权衡判断。

总结一下，可得到如下几个要点：

1. 整体布局是医院和养老建筑采光的重要步骤，建筑师结合建筑的类型与体量，可采用大体量分割、合理布置开敞空间与狭窄空间、扁平建筑中间置入中庭等手段，从总体上为采光争取较好的条件。

2. 中庭是医院和养老建筑常常采用的典型空间。中庭的设置方式往往取决于整体布局，根据不同的空间需求与构造可选择三面型、四面型等形式。低层养老建筑由于高度较小，建筑中间设置中庭能够取得很好的采光效果。另外，在中庭旁边设置走廊既起到遮阳，又起到分散光线的作用，并增加了室内采光。

3. 采光细部构造体现于病房或房间外窗及遮阳设计、壁面颜色的选择等。外窗尽量选用大面积的玻璃以争取更多的景观及采光，遮阳设计需做到既不影响采光，又不造成眩光。无论是医院建筑还是养老建筑，壁面颜色通常以白色为主。

7.3 办公建筑

在相同的照度条件下，天然光的辨识能力普遍高于人工光，人在天然光环境下通常会感觉更好、更舒适，所以天然采光的办公室更加有利于人们提高工作效率、专心致志地做事；此外，办公建筑充分利用天然光也有利于节省照明能耗，由于办公楼的使用时间大部分集中在日间，此类建筑如果采光良好其节能效益较为显著。但办公建筑的采光单位通常是一间间办公室，尺度限制为几米或十余米（尺度较小），且人员通常固定在某座位，会对光环境十分敏感，这些因素使得办公室采光问题成为一个精细的问题，即便程度较轻微的眩光也可能令使用者感到视觉不舒适。诸多因素使得办公建筑的采光设计成为一个需要综合考虑多种细节因素的项目，简单地应用遮阳技术或堆砌设备并不能够令办公建筑同时实现采光与节能等多方面指标的均衡优化。

7.3.1 德国蒂森克虏伯公司总部

德国蒂森克虏伯公司得到了埃森市政府的邀请，将总部迁到鲁尔区的埃森市，位于蒂森克虏伯的历史遗迹带。总部选址原为破败的工厂和荒废的土地，由于埃森市提供的土地之前承载了将近二百年的钢铁生产，在建设开始之前，进行了大规模的土壤修复工程，建成了克虏伯公园，而蒂森克虏伯总部建筑即在这片公园中。设计团队决定将其设计成一个小高层建筑。总部区域的中轴标志是一条总长度为235m的水池，水池两侧是主要的进出道路，在水池的末端是蒂森克虏伯集团的新总部（图7-42），为了与该建筑群中的其他建筑区分称该楼为Q1，Q1是一幢50m高的建筑，建成于2010年。建筑物的四分之一都是由一个封闭的中心空间组成的"L"形单元。透过立面上面积巨大的透明幕墙可以一目了然地看到建筑的室内空间组成，此外建筑立面上的栅栏元素也令人印象深刻，而这些元素都与采光息息相关。该项目专门聘请了遮阳顾问单位：Fraunhofer Institute for Solar Energy Systems 以及专业的照明设计团队 LichtKunstLicht，由此也可知国际上对于大型项目中光环境的重视程度。

图 7-42　德国蒂森克虏伯公司总部
（建筑设计：JSWD Architekten，Chaix & Morel et Associés）

图 7-43　建筑中庭内部

　　与一般的由四面围合的中庭不同，该建筑的中庭可从三面（屋顶与两个侧面）采光，从而增加入射建筑室内的天然光数量。如此大面积的中庭采光口，使得设计师放弃了在中庭采光口中进行遮阳处理的做法，转而在与中庭相连的办公室侧窗上进行遮阳。图 7-43 为该建筑中庭，图中可以看到屋顶以及侧墙上的采光口（玻璃幕墙），如此大面积的幕墙围合出了通透的建筑内部空间，与此相邻的房间侧窗（墙）则使用内遮阳装置进行采光控制，中庭内部横跨的人行天桥显得格外引人注目，这种交通方式也可以启发其他拥有中庭的建筑。仅就采光而言，硕大的通透的中庭有利于在建筑内组织采光。

　　蒂森克虏伯公司总部办公楼采用的天然光控制策略是给建筑四个面都套上一圈用遮阳系统制成的"外衣"。如图 7-44 所示，该建筑采用了一套专门设计的、造型特殊的遮阳系统，该系统的基本单元由两个大小形状都相同的三角形遮阳板以及把它们连接在一起的连接杆件构成，而每个遮阳板又由几十个小的水平遮阳板构成。当太阳光照过于强烈的时候大遮阳板会完全展开，在玻璃幕墙外面形成一个个严丝合缝的遮阳外墙；当建筑需要光照的时候闭合的大遮阳板会根据需要以一定的角度偏向某个方位展开，或者完全收起来，把阳光和窗外的景观完全引入室内。全部的不锈钢薄片根据太阳的位置而定向，并且能够在不阻挡视野的情况下进行光线的重新定向，因此，遮阳构件在不影响采光的情况下能够很好的遮挡太阳直射辐射。该设计属于一种动态立面，通过自动控制进行遮阳实现动态调节室内光环境的目的。

图 7-44　外窗动态遮阳装置

图 7-45　临外窗办公室室内

外遮阳装置以百叶为基础，但结构更为复杂，遮阳顾问可能从羽毛、翅膀或某些树叶的结构中得到了灵感，纵向的一组百叶作为"翅片"组成三角形、方形和梯形"翼"，"翼"可以整体向室外侧转动。图 7-45 所示的是一间位于建筑平面东南角上的办公室，从图中可以看出不同朝向上的遮阳状态并不相同，南向立面上遮阳装置转向保护立面，而东向由于没有太阳直射，遮阳装置打开可以争取更多的天空漫射光入射室内。除此之外，百叶本身还具有令太阳光转向的作用，从图中南向明亮的天花板可以看出其偏转光线的效果，这种动态控光方案可以适应不同的天气状态（如在阴天时全部打开遮阳等），为室内营造最佳的天然光环境，充分利用天然光，令天然光在室内尽可能地合理分布。

如此复杂的遮阳系统在玻璃结构建筑中扮演着重要的角色，不锈钢百叶窗翅片的打开和关闭可以减少眩光和室内得热。遮阳系统与三角形、方形和梯形翼使得园区建筑外观更具有标志性。在傍晚太阳落下的时候，夕阳使得整个建筑看起来更加神奇。

7.3.2　伦敦市政厅

建成于 1998 年的伦敦市政厅已经与那些落成数百年的建筑一道成为伦敦的标志性建筑物，由此可见成功设计的影响力。该项目的建筑设计为 Foster + Partners，建筑位于泰晤士河畔的黄金地段，毗邻塔桥，建筑面积 12000m^2，共 10 层，是英国迎接千禧年的献礼项目。该建筑并非仅以造型为出发的设计，功能赋予了形式以合理性。建筑在设计之初便充分考虑了天然光环境的营造问题，使得建筑的采光表现较好。

图 7-46　伦敦市政厅外观
（建筑设计：Foster + Partners）

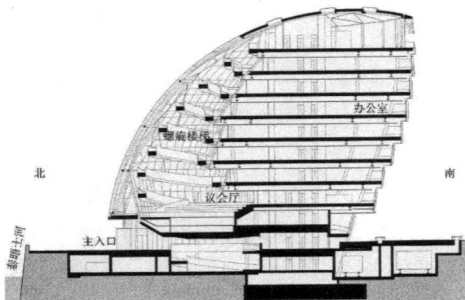

图 7-47　伦敦市政厅剖面

图 7-48　伦敦市政厅北向空间

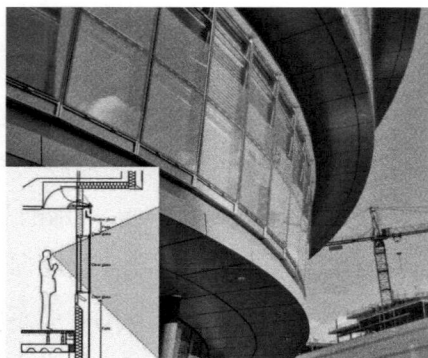

图 7-49　伦敦市政厅南向立面

　　对于办公建筑采光而言，一个总体的原则是：南朝向天然光资源丰富，办公室应尽量布置在南向，且南向房间的进深可以大于北向房间，但南向房间应注意遮阳问题；北朝向侧窗在一年中仅较少时段可接受到太阳直射光，而天空漫射光照度较低，因此作为采光最优化而言，北向空间宜布置为重要性稍低的房间或使用频率不高的房间，且为了保证北向空间采光的充足，北向立面应尽可能拥有较大的开窗面积（仅考虑采光优化的前提下），当然，以上论述仅针对北半球大部分地区而言。伦敦市政厅很好地践行了以上原则，图 7-47 是伦敦市政厅剖面，从图中可以看出其外形给人的第一印象是一个"倾斜的鸡蛋"，蛋形的北向面对泰晤士河，设计师在这个朝向上布置了议事厅（会议室），与会人员可以通过大面积的玻璃幕墙看见泰晤士河，也确保了充足的北向采光。南向向外突出的楼层布置，使得楼层之间通过建筑形体形成了遮阳，可以说是一种巧妙的做法。

　　图 7-48 所示的议事厅之上是呈螺旋状的楼梯，与其他朝向的幕墙不同，北向的幕墙部分并未设置遮阳措施，以便天空光能够无阻挡地入射室内，为整个北向空间争取充足的天空漫射光，并且保

证了良好景观视野，充足的北向天空光也照亮了楼梯南侧的房间。

南向为办公室，共十层，如图 7-49 所示，上一层突出于下一层，相当于上层作为了下层的固定遮阳，这种做法可以在一定程度上解决房间的遮阳问题，全幕墙保证了充足的采光口面积、上层的遮阳配合幕墙内的百叶遮阳装置则达到了营造良好天然光环境的目的。这种做法不仅有利于营造稳定的室内光环境也有助于防止室内过热，用福斯特事务所官方的说法就是通过减小直接暴露在太阳直射光下的建筑表面积达到节能的作用。

伦敦市政厅在采光设计上值得借鉴之处在于：在建筑设计的最初期即将建筑采光问题作为主要考虑的因素之一进而开展方案的生成。整个建筑从形体、平面布置到细部上充分考虑了采光的合理性，这种由功能推敲形式进而开展设计的思路值得借鉴。

7.3.3 健赞中心

健赞公司办公中心大楼位于美国马萨诸塞州的剑桥，全州均属温带大陆性气候，四季分明，夏季短，冬季长。健赞公司办公中心位于名牌大学、知名研究机构林立的区域，该区域之前是一片废弃的场地，临近查尔斯河。大楼里共有约 920 个工位，建筑面积 32500m^2，共计 12 层，整个大楼的建造都体现了高科技公司应有的高技术特征，图 7-50 为健赞中心外观，该建筑为典型的高技术建筑，

图 7-50 健赞中心（建筑设计：Behnisch Architekten）

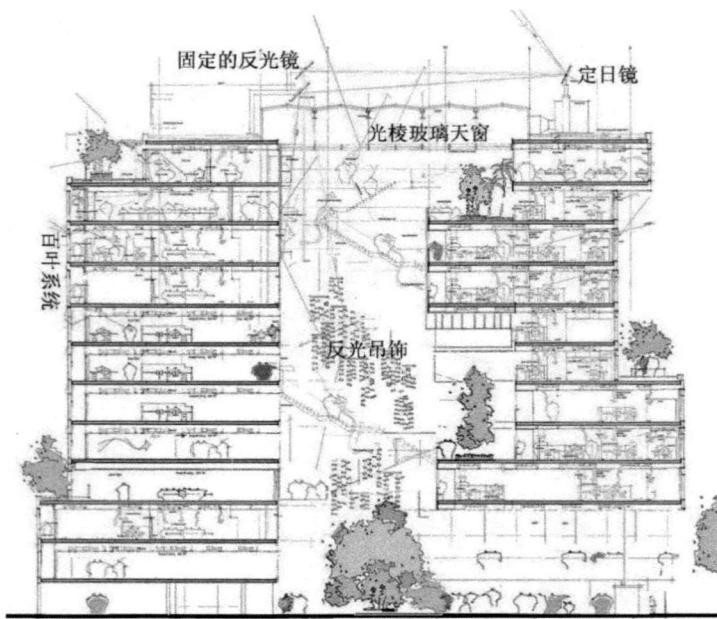

图 7-51　健赞总部采光分析图

以功能为导向的设计。办公楼里光线充足，这种效果主要归功于宽敞的中庭及大楼里的光学系统等。另外，中庭还使室内空气流通更顺畅，空气质量更好。整个大楼可以看作一个垂直的城市，有私人区域、公共区域甚至花园。开放式的楼梯从一楼大厅向上延伸，同时尽可能多地连接工位和办公室。图 7-51 为建筑物剖面以及在剖面上绘制的采光分析图，健赞中心的外观类似一个方盒子，但其中庭设计则较为复杂，并且中庭在组织整个建筑的采光中发挥了至关重要的作用。如分析图中所示，该建筑设计了通高的中庭，为了解决高中庭底部有可能出现的采光不足的问题，设计师综合使用了多套高技术手段从而组成了一套复杂的采光系统。外立面上，建筑为双层玻璃幕墙结构，通过百叶进行遮阳的同时也令太阳光线导向至屋顶以期增大有效采光范围，令大进深空间的天然光环境得到提高。

　　健赞中心的中庭如图 7-52 所示，大楼采用形体减法，即增加采光面的方法加强对天然光的利用。太阳直射光光路传输示意如图 7-53 所示，大楼采用顶层的定日镜（反射镜阵列）追踪太阳位置，将日光反射后汇聚在一起，形成集中的光柱，经过光棱玻璃将光线发散后传递至下面的深处空间，光棱玻璃可以根据光线入射角度进行偏转，确保光线向下传播，再利用中庭悬挂的反射构件（挂饰）

对光线进行随机散射，从而在室内形成斑驳陆离的光效果，部分区域宛如阳光透过树冠散落在地面所形成的光斑，妙趣横生的同时也增加了天然光的利用率。

　　除了中庭部分的采光之外，立面上的采光设计也值得一提。健赞中心外立面上主要使用百叶遮阳装置，如图 7-54 所示，外层的玻璃幕墙与房间玻璃墙之间存在一定宽度的廊道，从地面到屋顶的百叶悬挂在外层的玻璃幕墙的室内侧，百叶受控达到遮阳的目的，此外一部分日光被反射到室内的屋顶上，增加室内的采光效果。图 7-55 为健赞中心办公室内景，从该图中可以明显看到屋顶部分较为明亮，这正是由百叶偏转日光所形成的效果，如此有利于照明大进深区间。

图 7-52　健赞中心中庭
（图片来源：www.arch2o.com）

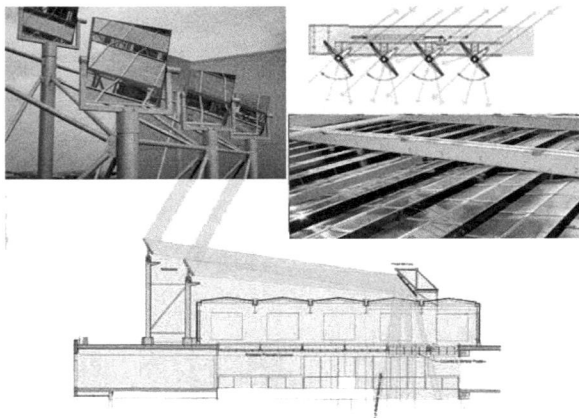

图 7-53　太阳直射光光路分析图

图 7-54　健赞中心外墙内侧廊道空间

图 7-55　办公室内景

7.3.4　彭博社欧洲总部

彭博社欧洲总部大楼建成于 2017 年，由著名建筑设计公司 Foster + Partners 设计。大楼位于伦敦的中心地段，临近英格兰银行街圣保罗大教堂和圣斯蒂芬沃尔布鲁克教堂街，建筑占据城市中的一整个街区，建筑面积 102190m²，图 7-56 所示的是该建筑鸟瞰，大楼由两栋建筑组成，由跨街廊桥连接。图中左侧建筑屋顶上的六边形区域为中庭顶盖。建筑的高度保证了周边教堂的主要视野不受遮挡，同时显示出了对附近历史建筑的充分尊重。以砂岩打造的结构框架定义出鲜明的立面，一系列巨大的古铜色"扇片"为通高的玻璃墙进行遮阳，同时与旁边的法院大楼形成呼应。扇片的大小、倾斜度和密度依据朝向和日光照射的不同而产生变化，在为建筑带来视觉层次和韵律的同时，还构成了自然通风系统的一部分。

如图 7-57 所示，建筑外立面上通高的高透光玻璃外均安装了古铜色的金属垂直挡板遮阳构件。这种古铜色叶片材料为黄铜，其颜色选择也考虑了适应建筑场地周围古建筑的需要，得益于这精心打造的外墙，彭博的新总部大楼与周围充满历史气息的建筑相处得非常和谐。这些可调节的遮阳构件承担着两个任务：

1. 根据室内温度及湿度需求，通过可开启功能，叶片可选择打开或关闭；

2. 在设计时依据立面朝向所对应的光照强度的不同，这些叶片的方向、倾斜度以及分布密度都会做出相应的调整。

彭博社欧洲总部大楼对于廊桥内的遮阳处理同样非常到位。廊内的光照强度相对建筑外立面来讲较低，所以廊内的垂直叶片较小，以保证充足的采光需要。同时，廊两端及顶部采用了玻璃与遮阳板

图 7-56　彭博社欧洲总部
（建筑设计：Foster + Partners）

图 7-57　彭博社欧洲总部立面
（图片来源：www.aasarchitecture.com）

图 7-58　建筑中庭

相结合的方式，一方面创造了丰富的光影效果，另一方面也兼顾了地面及窗侧的遮阳需要。

为了更加充分地利用天然光，彭博社欧洲总部大楼设置了一个面积较大的中庭（图 7-58）。由于无遮挡的中庭采光极易产生眩光，影响室内人员的正常工作。为了解决该问题设计师从三个方面入手：1. 中庭的支撑结构尺度较大，可以遮挡一部分直射光进入室内；浅色的金属表面也可以散射一部分天然光。2. 将直通顶层的螺旋楼梯布置在中庭下，螺旋楼梯尺度非常大，可以有效地兼顾对底层办公区、公共区的遮阳作用。光滑的棕色楼梯同样有助于对阳光的散射；居于中庭正下方、接受阳光沐浴的螺旋楼梯摆脱了人们潜意识里楼梯间"阴暗"的印象，使人们更加乐于接受使用楼梯；3. 设计师有意将办公区置于中庭外侧，将中庭正下方让给公共区，避免了阳光直射。

图 7-59 所示的彭博社总部大楼采用了一种独特的天花形式：透出 LED 灯光的可发光天花，其照明均匀度较之传统的屋顶上安装灯具的做法提高很多，既保证了视觉上的舒适感又可以节能，大楼总共用了 50 万个 LED 光源，数量虽多但根据测算较之传统光源更加节能。图 7-60 所示的是该大楼天花的结构说明，该天花可以成为一个系统，超越了传统意义仅起到装饰作用，兼具照明、制冷、通风、吸收噪声等功能。总体而言其优势在于：1. 浅色天花板实际是打磨过的铝板冲压形成花瓣状的镂空薄壁结构，这种设计能够起到光反射的作用，将中庭引进的天然光更加均匀地散射到进深处；2. 当室内照度不足时，LED 灯组还可以提供补充照明，并且 LED 灯组的能耗更低，寿命更长且具有和天然光互动的潜力；3. 花瓣状的天花

图 7-59　室内天花（图片来源：www.inhabitat.com）

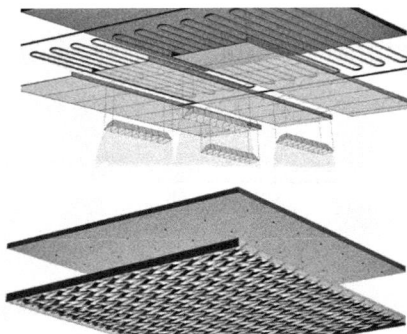

图 7-60　天花结构说明

边缘同样是空调出风口，隐藏的空调部件使得天花平面更加平整，还可以解决 LED 灯组散热要求高的问题；4. LED 灯组与天花板之间的空腔可以起到声音衰减的作用，减少噪音对室内工作人员的干扰。

7.3.5 办公建筑采光总结

从上述案例的采光设计中可以看到：采光设计并非是建筑设计的附属品，采光设计同样可以作为主要因素主导建筑空间、造型等设计，创造出更加适宜人们居住、工作的场所。简要总结如下（针对北半球大部分地区）：

1. 在项目设计初期就应考虑采光问题，最初的建筑形体推敲时可以从采光优化的角度出发，由功能支撑的设计不失为一种设计生成的途径，也给予形式以合理性。当然形体的设计是要在众多约束下进行的，如场地现状、建设方诉求、项目投资等。从采光优化的角度出发可给出如下建议：建筑南向空间应遮阳，北向空间应考虑充分采光，可根据采光进行建筑平面设计，开设中庭有利于在建筑内部组织天然光。

2. 办公室采光通常以侧窗（幕墙）采光为主，但凡侧窗采光通常存在两个问题：遮阳以及大进深空间采光不足。南、东、西朝向的房间如果未经过控光设计可能导致眩光严重、视觉舒适性差等问题，这就要求设计师考虑使用何种遮阳方式，从最简单的百叶、卷帘、窗帘到固定遮阳、动态外遮阳等，这些手段各有优缺点，直接影响到建筑外观，甚至可以成为建筑外形的主要元素。不同朝向上的天然光资源不同，南向较之北向的有效采光进深大，东西向的房间遮阳问题突出，因此，可以考虑将南向房间规划得进深大一些，北向房间进深小一些，东西向的房间尽可能布置成次要房间或少布置房间。不少控光手段也有助于提升大进深空间的天然光照度，具体可以参考本书前部分章节所阐述的内容。

3. 当采用中庭采光时则有必要对其进行进一步的采光分析，确保有助于提高整个建筑物的采光水平，中庭尺寸（形体）、中庭周围的布置、顶盖的设计都有必要根据项目的实际情况进行合理的设计。

4. 动态立面，或者称动态的外立面遮阳装置在办公建筑中已有应用，这种技术措施根据太阳辐射情况进行主动调节从而实现室内光环境的优化，从某种程度上讲，对于光气候特征多样，尤其晴天时数较多的地区，动态遮阳是实现室内天然光环境持续处于良好状态的技术手段。

所以，如果在建筑设计起始阶段就把天然采光技术作为主体要素投入到设计中去，就可以避免现有建筑光环境问题及能耗过高的问题。同时，天然采光设计可以使得建筑的外部造型更具感染力，以强调其独特的造型特点及个性。在探讨过天然采光在建筑中的运用之后有助于我们重新审视建筑设计中空间、功能、材料等之间的关系。从建筑本身的需要出发进行建筑设计，才能更好地体现建筑自身的价值。

7.4 教学楼

有关教学楼（或者直接具体到教室）的采光问题也是一个值得探讨的问题，本章节不点评案例仅做讨论。

教室采光的功用是什么？为了满足读书写字对环境照度的需求（即课桌面照度），以及看清黑板（或白板）上写的内容或者投影屏幕上的课件，以上这些都可以归为教室对于光环境的基础需求。然而，天然光在教室中的作用不仅仅在于可以提供看清内容的光照度，还在于如前文中论述过的天然光对于身心均有益处，有助于维护身心健康。比如中小学生的近视问题与教室的光环境就有一定的相关性。诚然，导致近视的因素较多，如遗传、习惯等，但有一个已被证实的事实：长期在室外活动或爱好室外运动的儿童不容易近视。这容易得出一个结论即充足的天然光环境有利于防止青少年近视。因此，如果以健康（视力保护）为出发点，再考虑教室采光问题，尤其是处于视力发育期的学生所在的中小学教室，则会有更高的标准，设计出更为重视采光表现的教室。

我国历年颁布的国标中涉及教室采光和教室照明的条目都呈现出一个照度标准逐渐提高的过程。现行的《建筑采光设计标准》GB 50033-2013基于保护青少年视力和身心健康的目的，将教学楼室内天然光照度提高到不低于450lx，侧面采光系数不低于3%；就此标准而言，与其他诸多类型的建筑相比较，教室已经属于对光环境要求较高的建筑类型。一个良好的教室室内天然光环境不仅对于提高学生视力健康有重要意义，同时还对学生的身体、心理以及学

设计案例 第七章

161

习效率产生积极影响。相比于高校内的教学楼，中小学教学楼对于学生视力的影响更大，教育部关于2010年全国学生体质与健康调研结果显示：18岁以下近视发病率远远大于18岁以上，学生长期在不适宜的光环境下学习，是导致我国中小学生近视发生率逐年增长的重要原因之一。回顾中国教学建筑发展的几十年，由于经济条件限制以及国家规范要求普遍偏低，多数设计者对教室本身的使用质量，尤其是室内光环境的重视程度不够，以致于教室出现不同程度的光环境设计不合理。营造良好的教室天然光环境，不简简单单是保证足够侧窗面积的问题，室外的天然光照度通常为数千勒克斯或者更高，当然这并不意味着教室内的照度也应达到相同水平，但相关研究以及设计依据相对欠缺，以预防近视为目标的采光教室设计是一个值得研究的议题，我们计划与同仁一道开展这方面的研究，将来与读者深入分享相关研究结论。

因此，不管是从节约能源的角度还是学生健康的角度，如何更好的利用天然光进行建筑设计都是未来设计师要面临的问题。希望本书可以为今后教学楼建筑设计起到抛砖引玉的作用。

7.5 体育馆

有关体育馆采光存在一个时常争论的议题，那就是体育馆到底需不需要采光？我国建成有不少无采光、少量采光的体育馆，这些已建成项目实际也反应出了一种需求，其深层原因是一种担忧——对于天然采光表现的担忧。撇开现行设计规范或条例，我们愿意和读者一同探讨这个问题。

首先，体育馆室内光环境服务于谁？无非是四个方面：运动员（平时对外开放时的客人）、裁判员、现场观众、电视转播。实际上，这四个需求方中电视转播（或其他媒体的视频转播）对于光环境的要求最高，其次是运动员。所谓对于光环境的要求高，主要体现在水平照度、垂直照度、光色（包含显色问题）、照度均匀度、眩光水平、光环境稳定程度等方面。对光环境要求最高的即有 HDTV 转播的重大比赛，这种情况下要求有较高的主摄像机方向垂直照度（如不低于2000lx），较高的照度均匀度（如不低于0.9），限制眩光，光环境随时间无变化，如此要求的原因在于 HDTV 转播要求视频信号具有较高的信噪比，严苛的光环境质量可以保证用户在终端看到的视频画面清晰完美。从比赛时的运动员的需求进行分析，运动员在比赛时处于运动状态，此时对于照度（包括水平照度、垂直照度）有一定的需求，主要为了看清场地环境、场地上的其他运动员以及球或其他运动器材。不同的运动对于照度及其分布有不同的需求（但通常不会高于摄像机对于照度的需求）；此外，对于运动员而言限制眩光也是一个很重要的方面。裁判员、现场观众对于光环境的要求相对较低，高水平比赛裁判借助视频分析技术，则其要求同电视转播，应特别注意对于起点、终点、边界等终点区域的照明。

其次，天然光环境的优点与不足。天然光的优点有很多，诸如节能、晴天时具有在室内营造高照度的潜力等。天然光主要缺点在于：

1. 不稳定，天然光环境随时间可能出现变化甚至较大的变化，比如一场比赛转播约2个小时，在这2个小时内如果仅使用天然采光的话有可能出现视频画面质量的差异。

2. 受制于光气候，天然光环境由室外天况决定，比如某城市在冬季常常出现严重的连续雾霾天气，下午时段能见距离不足几十米，这种情况下任何建筑都无法独立依靠天然光照明进行作业。体育馆比赛时间一旦确定，无论室外环境如何，比赛均需按时开始，如果室外光气候不利于建筑采光，这种情况则不能仅依靠采光。

3. 难于控制，尤其是难于精准控制。这里所说的难于控制是相对电灯而言，电灯的控制相对简单，通过分回路进行开关控制已经具有调节室内照度或选择照明区域的功能，更不用说调光、调色（色温）等控制。

4. 受制于建筑设计方案。

有些规范或标准规定举办重大赛事的体育馆不使用天然光进行照明，这些规定出台的理由均为：天然光不稳定，实际上是上述的第1、2条原因，但这些不足可以通过天然采光配合人工照明进行弥补，且有转播的比赛不用天然采光也并不意味着将建筑设计成"黑房子"，重要比赛可以安排在夜间，在灯光下比赛。实际上，为数不少的采光充沛的体育馆（如改造后的黑龙江省滑冰馆）也经过了国际赛事的检验，无论运动员的感受还是电视转播效果均具有良好效果。

最后，有些人持只有训练馆才需要采光的观点。实际上，体育馆不是全年都在举行赛事，大多数体育馆都应该同时考虑比赛、训练以及赛后运营的问题（除某些专业体育联盟场馆由于赛程安排较为饱和以及部分仅面向顶级赛事的场馆），面向市民开放使用是大多数体育馆赛后运营的主要形式，这种情况下对于光环境的稳定程度的要求则不那么高，有采光的体育馆的运行成本大幅低于仅依靠灯光照明的场馆。采光系统几乎无运行成本、维护成本也较低、折旧速率慢，这些特点有利于场馆平日运行盈利。

7.5.1　Inzell 速滑馆

将于 2022 年举办的北京冬奥会使得体育场馆的建设再次得到了国人的关注，不少冰雪运动需要在露天场地开展并不涉及建筑采光的问题，但速滑馆等此类建筑则对天然采光提出要求。我国并非冰雪运动大国，群众基础相对薄弱，除了为北京冬奥会新修建的速滑馆外，大多数国内知名的速滑馆、滑冰馆多位于东北地区，如黑龙江省滑冰馆。1995 年建成时黑龙江省滑冰馆无天窗采光，2008 年按照国际标准进行了全面改造，屋顶中央集中开设一条采光带，宽18m、长 223m，由特殊玻璃材料制成，下方不产生阴影。由于良好的采光效果，该场馆白天训练比赛不用照明，节省了能源。这种屋顶中央大面积集中采光带的做法不失为一种实用的手法，经验证具有良好的效果。建成于 1987 年的吉林冰球馆在当年是我国最好的冰球馆，屋顶采用哈尔滨工业大学建设学院研发的玻璃钢天窗，采光形式为多组带型天窗采光（2012 年建成的伦敦奥运自行车馆也使用了同样方案），采光设计科学合理，使用效果好，可惜的是该场馆已于 2000 年拆除。除了黑龙江省滑冰馆、吉林冰球馆，位于德国的 Inzell 速滑馆也是一个采光充足的场馆。

Inzell 速滑馆（Inzell Speed Skating Stadium）由斯图加特建筑事务所 Behnisch Architekten 等单位设计，位于德国拜仁州巴伐利亚阿尔卑斯山北麓小镇因采尔（Inzell）。该作品获得了 2011 年度世界建筑节的最佳体育建筑奖，图 7-61 为该建筑外观。体育馆的外形很像天上的云朵，波浪起伏的巨大白色屋顶覆盖在原有场馆之上，在白雪季节体育馆又好似雪地上隆起的大雪丘。建筑表面采用"low-E"低辐射薄膜材料，节能而经济，薄膜在木框架和钢桁架之间伸展开，将雪地表面的冷辐射反射到赛道上，从而保持稳定的低温。同时，这种半透明的薄膜材料还通过 17 个北向的天窗将天然光线散射到

图 7-61 Inzell 速滑馆外观
（建筑设计：Behnisch Architekten + Pohl Architekten）

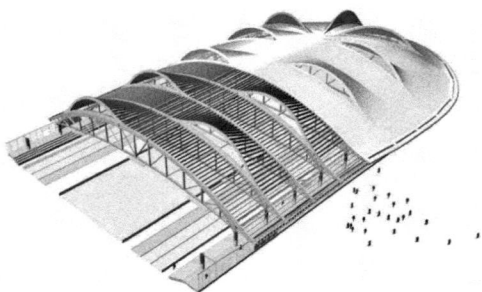

图 7-62 天窗构造说明图
（图片来源：www.archdaily.com）

图 7-63 Inzell 速滑馆室内
（图片来源：www.archdaily.
com）

室内。布置在场馆边缘的连续条窗为观众展示了巴伐利亚山脉的冬季美景，而场馆附近的路人也能透过这些窗户瞥见内部的赛事活动。建筑的灯光设计也专门聘请了奥地利 bartenbachLichLabor 打造。

从图 7-62 中可以较为清楚地看到 Inzell 体育馆的天窗结构，该做法可以归类为锯齿形天窗形式的灵活运用，赋予传统的天窗类型以新形式，感官效果更上一层楼，其采光表现也与锯齿形天窗的特点相同，由于朝北（仅端头的天窗由于设计的需要而偏向东西向）的天窗连续布置，给室内营造除了均匀、稳定的天然光环境外，还满足了高水平赛事以及日常商业运行对于光环境的要求。图 7-63 是 Inzell 速滑馆内部照片，从图中可以看到：速滑馆采用了"天窗＋侧窗"的采光方案，当然对于速滑馆而言，侧墙高度、看台座椅遮挡等因素制约了侧窗（玻璃幕墙）对于场地的采光效果，主场地上的天然光大部分来自于天窗。此外，人工照明也在场内起到重要作用，当天然光照度不足时可提升室内照度水平，也使得场馆内光环境稳定、可靠，可以同时应对不同的使用需求。

Inzell 速滑馆自建成后广受赞誉，其采光设计方案受到了运动员以及电视转播机构的认可，由此推而广之，充足采光的速滑馆是可行的，其益处良多。少量采光（采光不充足）甚至无采光的速滑馆至少会在赛后运营中遇到运行成本偏高的问题。

7.5.2 伦敦奥运自行车馆

2012 年伦敦奥运会的自行车场馆是为此次盛会新建的永久场馆，建筑面积 16740m²，由 Hopkins Architects 设计。在奥运会和残奥会结束后，这个 6000 座的体育馆将为运动员和当地社区使用。自行

图 7-64   2012 年伦敦奥运会自行车馆（建筑设计：Hopkins Architects）

图 7-65   伦敦奥运会自行车馆室内（图片来源：www.hopkins.co.uk）

车馆为双曲抛物线形钢结构，落地周围是玻璃，里面是大堂。上部是小尺寸红雪松木材，这使得通风更为顺畅，线条更为优美。

　　作为举办奥运赛事的体育馆，该场馆充分考虑天然光的利用问题，图 7-65 所示的是该场馆室内图片，该项目的采光方案一目了然，从设计理念上并不复杂，采纳了建筑物理教科书中提到的带型平天窗方案。此类采光方案设计时应重点注意尺寸的优化以及透光材料的选择，以确保室内天然光照度均匀。图 7-66 为该项目剖面图，从图中可以得知该自行车馆共设计了 8 条带型平天窗，天窗间距约为自身宽度的 4 倍。在正式比赛时同时开启人工照明进行比赛，赛后对市民开放时可以根据实际的天然光照度情况选择是否开灯以及开灯数量以满足市民运动的需求。

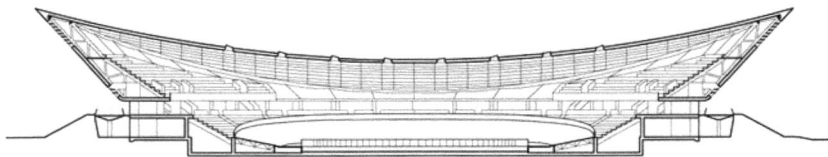

图 7-66　伦敦奥运会自行车馆剖面（图片来源：www.detail.de）

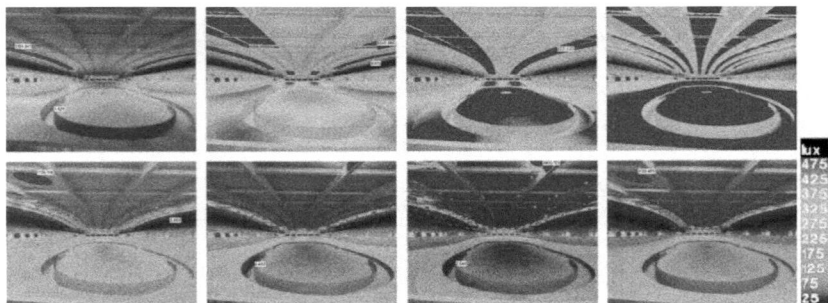

图 7-67　不同方案的采光模拟伪色图

实际上，看似简单的采光设计手法，在设计推导过程中并非轻而易举，Hopkins 事务所组织专门的技术分析团队通过计算机模拟来研究可能的屋顶采光方案和优化屋顶开窗的尺寸和位置。最初在概念设计阶段，模拟了 12 个选项，以检查在轨道和场地上可以实现的照度和均匀度（图 7-67 所示为其中的 8 个方案的采光模拟结果，计算条件为全云天天况，室外照度为 6500lx ）。最终选定的方案预计可以在一年中超过 80% 的运营时间内依靠天然光满足使用者对于光环境的需求（运营时间为 8：00 ～ 19：00，每周一到周六）。当然，我们也建议在进行体育馆采光分析时直接使用动态采光模拟，如此可以更为准确地评估建筑物采光方案在一年中的可利用时数。

7.5.3　埃斯科拉·加维纳中学体育馆

举办大型赛事的场馆的建设量有限，我国未来将面临新建或改建为数众多的面向全面健身或学生使用的体育馆。其中，中学以及高校体育馆建设值得关注。如前文中所论述过的，这种类型（级别）的体育馆毫无争议地应该充分利用天然光。

位于西班牙瓦伦西亚的埃斯科拉·加维纳（Escola Gavina）高中计划将原有建成于 1980 年的体育馆扩建成为一处综合性场馆，一个可以举办各种大型活动的多功能场馆，其可以用来举行会议、聚会，或举办戏剧和音乐演出等活动，日常还可以用作体育场。建

图 7-68　埃斯科拉·加维纳多功能场馆外观
（建筑设计：Arturo Sanz & Carmel Gradolí architects）

筑包含一个音乐教室和一个运动室。同类型的多功能场馆也是符合我国中学需求的，多功能使用、能耗低、采光充足、运行费用节省、维护简单、造价合理都应该是其应具有的特点。

该项目建成于 2015 年，由瓦伦西亚当地的设计事务所 Arturo Sanz & Carmel Gradolí 担当设计，项目体量虽小，但处处体现了"巧妙"与"合理"，使用有限的建设预算获得了良好的效果，这些特点也都是我国校内体育馆新建、改扩建时应该具有的。瓦伦西亚地区日照充沛、晴天日数多、被誉为欧洲的"阳光之城"，可见当地建筑应该充分注意遮阳问题。图 7-69 为该场馆南向的挑檐以及悬挂的垂直外遮阳百叶装置，这种设计既为学生们在建筑周围活动遮阴避雨，也为室内场地提供了充分的遮阳。场地的外维护下层为带孔的砌块堆砌，上半部分为透明玻璃幕墙，幕墙下沿与室外遮阳下沿位于同一高度，由此实现了充分遮阳。

充沛的天然采光是降低运行成本的有效途径，而且学生们在天然光环境下活动视觉上会感觉更好，可以令整个环境更加亲近，也更加健康。该场馆采用了大面积侧窗采光与天窗采光结合的方式，从图 7-70 中可以看出项目的室内采光十分充分，没有使用电气照明的必要，这种设计的价值已经超过了单纯省电的层面。侧墙上部分为透明玻璃幕墙，天窗部分的设计十分合理，与北京首都国际机场 T3 以及台湾高铁彰化站有异曲同工之妙，如图 7-71 所示，天窗采用了平面为三角形的平天窗，巧妙之处在于将遮阳装置设计在了屋顶的室内侧，与支撑屋顶钢结构中的三角形桁架相结合，组成了有效地遮挡南向太阳直射光的构件。并不复杂的设计具有实用、合理并且观感良好的特点。尤其值得一提的是，建筑设计与结构的紧

图 7-69　埃斯科拉·加维纳多功能场
馆外挑檐与遮阳结构
（图片来源：www.metalocus.es）

图 7-70　综合体育馆室内
（图片来源：www.metalocus.es）

图 7-71　体育馆天窗细部（图片来源：www.metalocus.es）

密结合在该建筑中得到了体现，这也是合理的设计应具有的特点。

中小学生处于生长发育期，在更为自然的环境中（天然光线以及自然通风等）活动有利于身心健康。很多问题是日积月累形成的，多年的学习生活令学生们待在教室、体育馆等设施内的时间越来越长，这些场馆的环境足以影响学生群体的生理与心理发展，近视、骨骼发育、心理问题等均在一定程度上与建筑环境有关，注重这些问题都是相关管理部门、建设方、设计方共同的责任。

7.5.4　红杉中学体育馆

红杉中学（Sequoia High School）位于美国加州红木城（Redwood City），该城市位于旧金山湾区西部，一年中日照充足、气温适宜。红杉高中是一个历史性校园，由于学生数量增多，需要一个可以容纳 1400 名学生的新体育馆。学区要求新建筑满足能源消耗和可持续性的最高标准。图 7-72 所示的是红杉中学体育馆，设计工作由

图 7-72　红杉中学体育馆
（建筑设计：CAW Architects ）

图 7-73　体育馆室内
（图片来源：www.cawarchitects.com ）

CAW Architects 承担，项目建成于 2010 年，建筑面积 1672m²，于 2011 年获得 LEED 铂金认证。该建筑是一个灵活的设施，可以被所有的学生团体使用，建筑设计语言也可以融合历史等。

对于校内的场馆项目，选择简单实用的采光方案是最合适不过的了，过于复杂、高技术或讲求形式的采光设计方案在这类项目中并不必要。图 7-73 为该体育馆内景，从图中可以看到该项目的采光将天窗采光与高侧窗采光相结合，其中天窗采用的是标准的矩形天窗，并在矩形天窗上通过挑檐进行遮阳，这种天窗形式在教科书中通常作为范例进行介绍。经典、使用的采光设计对应的是良好的采光效果，但是采光设计思路较为简单并不意味着设计过程简单，采光设计需要对尺寸参数、遮阳、材料、细节等诸多方面进行优化分析以确定最佳方案。该项目聘请了知名采光专家扎克·罗杰斯（Zack Rogers）与综合设计协会（Integrated Design Associates）合作，为学校新增的体育馆提供采光设计和分析以及电气照明设计服务。该项目的采光方案为体育馆提供了充足的、均匀且无眩光的天然光。成功的采光设计减少了超过 70% 的电气照明需求。这个项目是加州湾区第一个 LEED 铂金认证的公立学校建筑。

7.5.5　体育馆采光总结

体育馆采光方案适宜选择实用性强的方案，对于中学以及高校内的体育馆更应如此。体育馆的采光方案通常可以采用天窗采光、天窗与侧窗（高侧窗）采光相结合、单独使用侧窗（高侧窗）采光的方案，具体使用何种方案需要根据具体项目开展具体分析，但通常情况下，特别是跨度较大的体育馆，仅采用侧面采光很难满足场馆内所需要的照度、均匀度要求，同时也很难满足比赛和观赛需求，且对于有看台的体育馆而言，侧窗的采光面积还会受到影响。因此，天窗在体育馆采光中的作用就显得更加突出。

体育馆采光设计要点：

1. 照度要求。体育馆比赛厅内应有充足的照度，充足的照度是满足各种活动的前提。同时，充足的照度也是塑造良好光环境的首要因素。不同的体育项目、不同的比赛等级都有不同的照度要求，进行体育馆天然采光设计时应参照具体项目照度要求进行设计。由于看清不同大小的物体需要不同程度的照度值，研究表明：除乒乓球必须采用人工照明辅助外，其他项目在训练时均可以天然采光为主。

2. 照度分布。在体育馆场馆内所有的使用空间中，应使各功能空间的照度值有所区别，即形成局部照度与环境照度之分，使比赛场地形成最高照度，周围观众席形成较低的照度。

3. 眩光控制。对于大空间体育建筑，如只采用侧窗采光极易产生眩光等不利影响，尤其是对于人的视线及其仰角成 0 ~ 14°这一强眩光区。如在此强眩光区范围内开侧窗将会产生相当严重的眩光。这对观众观看比赛是极为不利的。因此，对于大空间体育馆建筑来说，场地端部严禁开大面积侧窗。而如果采用顶部采光的方式，场馆内基本能避免直射眩光；如果在采用顶部采光的同时能在建筑顶部辅助以遮阳设计，即可使场馆内天然采光更为柔和均匀。

4. 阴影控制。对于体育馆而言，采用顶部采光设计还可以减少阴影对比赛的影响。因为采用顶部采光时，太阳光来自于场馆顶部，这可以在最大程度上减少物体的投影面积（减少阴影），有利于运动员的正确判断。

5. 光线入射角。对于大空间体育建筑而言，如果采用顶部天窗采光，由于光线入射角均较大，光线来自上方，可有效防止眩光的产生；但在设计时应充分考虑遮阳措施的设置，防止太阳直射光线对比赛的影响以及造成室内过热的问题。

7.6 图书馆

图书馆是一个对光环境要求较高的场所，因此适当的采光设计对整个图书馆的成功至关重要。图书馆的采光设计首先要考虑分区，不同功能分区需要的光环境不同，根据需求大致可以分为四类。第一类包括阅览区和开架书库，读者在阅读区需要进行长时间的工作学习还有取阅书籍，因此，对光环境要求有足够的桌面水平照度、书架垂直照度，另外需要注意避免眩光，桌面与书本的亮度比也要在合适的范围内。第二类为馆藏区，要求避免有害于纸张的强光直射，短时间的浏览对照度要求不高。第三类为多媒体区，此区域主要活动是使用电脑，对光环境的要求是避免背景昏暗并严格控制眩光。第四类为公共服务区及休闲区域，如活动区，会议室，出纳咨询台等，这些区域的采光照明应与环境相配合，不同功能区以及不同时间段的照明方式也不同，总的说来应以宁静、典雅为基调，适当营造气氛，使人感到亲切和舒适，从而更具有吸引力。在某些情况下，充沛的天然光环境可以将现代图书馆与过去记忆中的图书馆空间联系起来。

7.6.1　苏黎世大学法学院图书馆

苏黎世大学法学院图书馆（Zurich Law Library）是著名建筑师卡拉特拉瓦（Santiago Calatrava）主持设计的一个在旧图书馆基础上开展的改建项目。项目从 1989 年开始至 2004 年完成，改建完成后建筑面积为 $25000m^2$，建筑师将原有的一座化学教学楼的中庭部分扩建为七层楼高的图书馆。七层楼的图书阅览区围绕着中庭，从下往上逐层扩大，一直延伸到玻璃弯顶。天窗长 34m，宽 15m，可使入射的天然光自上而下直达底层，图 7-74 是改建完成后该项目的外观，屋顶上的橄榄形采光顶十分突出。

苏黎世大学法学院图书馆主要采用中庭采光（图 7-75 为该项目中庭），最大的设计亮点也是中庭顶端的椭圆形玻璃圆顶，卡拉特拉瓦设计了一个有折叠叶片的液压活动折叠窗帘，为阅览室提供

图 7-74　苏黎世大学法学院图书馆
（建筑设计：Santiago Calatrava）

图 7-75　图书馆中庭
（图片来源：www.zuerich.com）

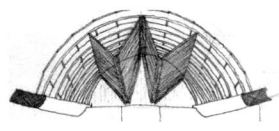
图 7-76 中庭顶部遮阳装置结构示意图

图 7-77 图书馆室内布置
（图片来源：www.zuerich.com）

来自屋顶的受控的天然光。这个设计有利于天然光入射室内空间，并由玻璃圆顶下方的遮阳装置进行光线控制，使入射的天然光得到较好地分配。遮阳装置是两个对称的折叠板条系统（图 7-76），由液压缸系统驱动，可以适当地遮蔽阳光，根据气候条件和一天的时间变化自动展开或折叠。减少了人工照明的需求并使空间更加生动。

图 7-77 所示的是中庭屋顶遮阳完全关闭的状态，此时室外日照较为强烈，室内的光环境可以令读者满意。读书区域围绕着中庭边缘是一种合理的布置，有助于读者处于较高的天然光照度中进行阅读。图书馆阅览部分的书架呈圆形排列，将中庭角落的 4 个小空间分隔开，这 4 个角落是新旧建筑的交界部分，这四个小空间也采用天窗采光，使阳光能够射入这个古老建筑的内部。

对于天然采光带来的建筑制冷能耗问题，一方面玻璃圆顶下的遮阳系统可以减少太阳热辐射，另一方面建筑采用空气自然对流的方法调节室内温度，借由 4℃ ~ 6℃ 的温度差，通过地下室进气，玻璃屋顶排气。从地下室进入的新鲜空气是由一个与地面传感器相连的热交换系统进行冷却，可以准确节能的调控室内的温度并创造舒适的环境。此外图书馆内主要使用的材料为白色天然石材与枫木，浅色的材料增加空间内光线的漫反射，塑造出愉悦与明亮的空间氛围。而 480 个阅览席位全部配备独立可调灯光，在背景光照度不够的时候，减少了大面积人工照明的需求。

7.6.2 柏林自由大学图书馆

柏林自由大学哲学系图书馆的重建是德国重要学术机构重建项目之一，整体外观为图书馆建筑中独特的半球型结构，建筑维护结构基本都是用金属材料和玻璃构成，为柏林自由大学和柏林市增添了一道风景。图 7-78 所示为项目外观，图书馆独特的头盖骨形状已经为它赢得了"柏林之脑"的昵称。项目建设自 2001 年开始并于 2005 年建成，建筑面积约为 46200m²，网架外壳下包裹着 5 层建筑，拥有 600 个阅读座位。

图 7-79 所示为建筑维护结构（外壳）内外侧的细部结构。整个建筑外壳按照日照辐射规律设计，该建筑外壳为双层结构，中间由钢结构桁架支撑，内外层表皮均由矩形格子单元组成，既营造舒适扩散的日光环境，也彰显了先进的节能策略。外层外壳穿插着留

图 7-78 柏林自由大学图书馆（建筑设计：Foster + Partners）

有气孔的镀银铝板（不透明）和玻璃（透明），内层表皮则为白色玻璃纤维布（半透明）和聚氯乙烯制成的透明模板（透明）。双层外壳通过明黄色的钢结构框架连接起来。这种设计是充分考虑在室内营造天然光环境的结果，这种离散分布的开阔设计在营造均匀、充沛的天然光环境的同时也可以让眼睛疲惫的读者透过头顶的天窗看到外面的天然光线和天空。

独特的双层外壳结构使得天然光可以从特定的打开的铝板窗口照射进来，在双层外壳之间形成了一处充满反射天然光线的巨大空间，使得整个建筑笼罩在柔和的漫反射光下，满足阅读者的阅读需求。图 7-80 为该图书馆室内，书架位于每层的中部，阅读区很自然地位于这些书架的周围，通过外壳的渗透而获得明亮的采光条件，优先满足使用者的要求以及空间感受。每层楼弯弯曲曲的外形使上下楼层具有或退或进的互动模式，产生了一系列宽敞而且光线充足的工作空间。楼梯、电梯间等功能区放置在建筑中心，顶上开启的铝板形成天窗，不仅创造出美妙的光影效果，还能让阅读者欣赏蓝天白云。

室外侧　　室内侧

图 7-79　外壳结构细部

图 7-80　图书馆室内：读者在天然光环境中阅读（图片来源：www.fosterandpartners.com）

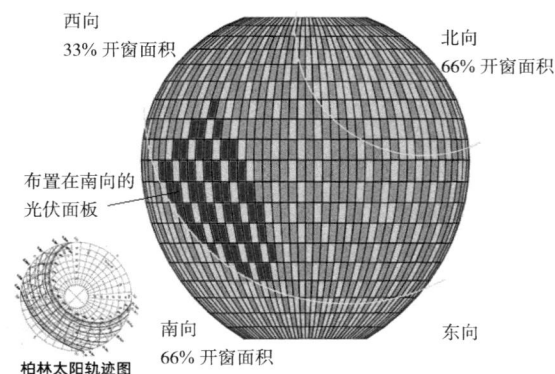

西向
33% 开窗面积

北向
66% 开窗面积

布置在南向的
光伏面板

柏林太阳轨迹图

南向
66% 开窗面积

东向

图 7-81　外表皮布局分析

半球形的表皮概念已经难于简单地区分侧窗（侧墙）和天窗（屋顶）的概念，整个外表皮的设计以及控制按照日照辐射规律设计，根据项目所在地柏林市的太阳轨迹特征，对外表皮上的开窗进行了科学设计，图 7-81 所示的是该项目外表皮材料布局分析图，具体为：图中浅色细曲线框选出的区域为太阳直射区域，该范围内开窗面积较少（开窗面积为 33%），对于接受太阳辐射最大的区域布置了可发电的光伏面板，可给予建筑一部分能源供应。在不接受太阳直射的部分，南向和北向的开窗面积均较大，大约为 66%，以争取充足的天空漫射光。外层铝板的开启可以按照不同的室外环境进行调节。在寒冷的冬季和炎热的夏季，铝板是全封闭的。柏林自由大学的采光设计采用的技术手段较为复杂，设计过程中采用大量的计算机建模和模拟设计，所有系统和组成部分之间的交互作用都需要经过谨慎的监控和良好的调试，以满足所有使用者的要求，最终达到优秀的采光效果。

7.6.3　温哥华中央图书馆

加拿大温哥华中央图书馆是温哥华公立图书馆体系中的中央分馆（Vancouver Public Library，Central Branch），项目位于市中心，建成于 1995 年，由 Moshe Safdie 和 DA Architects 共同设计。整个项目整合了温哥华公共图书馆中央分馆、联邦办公大楼、零售和服务设施，组成了"图书馆广场"，图书馆广场占据了温哥华市中心的一个城市街区（图 7-82）。图书馆主体位于这个街区的中心，是一个 9 层的长方形盒子，里面有藏书架和服务设施。图书馆主体四周是一堵独立的椭圆形柱墙，两者之间有阅读区和学习区，通过横跨其间的天窗连接。这个案例的特点在于其是一处闹中取静的项目，通透的主体建筑的周围由一圈实体围墙包裹，将喧闹的市中心与图书馆应有的静谧划分开来，同时也保证了必要的天然采光。

图 7-83 所示为图书馆内景，图书馆主体的玻璃幕墙立面可以俯瞰由椭圆形墙围合成的封闭大厅，这面墙为整个项目的东立面，也起到了遮阳作用。玻璃屋顶的大厅是图书馆的入口大厅，也同时

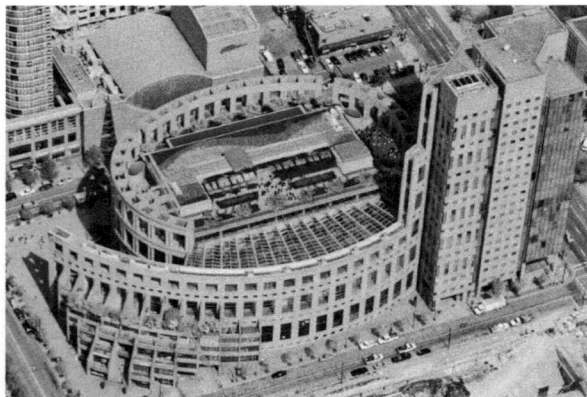

图 7-82 温哥华中央图书馆
（建筑设计：Moshe Safdie 和 DA Architects）

图 7-83 温哥华中央图书馆内部一角
（图片来源：www.irisreading.com）

为在图书馆各个楼层的周围区域（近窗区域）阅读的人员提供充足的天然光。该建筑的外观类似于罗马斗兽场，整个图书馆像是被包裹在其中一般，但大面积的天窗以及实体"围墙"为通透的图书馆主体建筑提供了采光与遮阳。外围的一圈罗马式的"围墙"将图书馆与城市进行了分界，营造了闹中取静的效果，这点十分重要，因此图书馆的环境本身应该是采光充足且安静的，在市中心建立的公共图书馆值得注意这些问题。不少市民称温哥华公共图书馆是一间伟大的建筑，值得从建筑外部和内部好好感受它。坐下来浏览一本书或是杂志，或是到 5 楼去看看视线可及的门厅处的艺术品。图书馆里面既有讨论区域也有安静的区域，但这座图书馆无疑是这繁忙都市中一片宁静的绿洲。

7.6.4　国家图书馆

此处主要介绍国家图书馆二期（以下简称国图二期），该项目的设计方为 KSP，项目建筑面积 80538m²，建成于 2008 年，设计时预计每天可供 12000 人使用。图 7-84 为国图二期项目，国图二期在周围喧嚣繁杂的城市环境中显得简约、安静、低调、内敛、凝重，又极具现代建筑技术带来的视觉震撼。

国图二期在技术设计上实现了充分采光的目标，使用大面积的天窗、侧窗进行采光，确保在一年中大多数日间时段可以不依靠人工照明。项目所在的北京市四季分明、夏热冬冷、少雨，对于采用天窗采光的建筑而言遮阳的要求较之南方地区低，由于近些年出现了不同程度的空气污染（相信会在未来根治该现象）以及其他相关因素影响了北京市的晴天时数，但从长周期、总体上看北京市的天然光资源是较为丰富的，充分采光是可以实现的。国图二期建筑设计方案充分考虑了建筑采光问题，被众多同时使用过北京市内多个图书馆的老百姓称之为最"敞亮"的图书馆，很多人就是因为该场馆采光好而愿意去馆内读书，从而导致某些时段馆内一座难求。天窗的采光效率高，因此建筑设计人员在该项目内设计了大面积的天窗，图 7-85 为该图书馆阅览中庭，全开放式的 50m×50m 玻璃顶阅览中庭颠覆了传统图书馆的低矮阅览空间体验。中庭下方通常是采光充足的区域，该图书馆开设了如此大面积的天窗并将阅览区域布置在天窗正下方，这无疑是充分利用天然光照明的做法。图 7-86 为读者在阅览中庭天窗下读书，由图中可知读者在纯粹的天然光环境中得到了良好的阅读体验，从该图也可以看到该建筑的部分侧窗（玻璃侧墙）采用了向外倾斜的设计手法，由于建筑挑檐较长，如此设计有利于侧窗遮阳也有助于降低玻璃由于反射日光可能对周围环境造成的影响。

除了阅览中庭之外的有阅读需求的区域也考虑了充分利用天窗和侧窗进行采光，图 7-87 为同时使用天窗与侧窗进行采光的阅览区域。

图 7-84　国家图书馆二期（建筑设计：KSP Jürgen Engel Architekten）

图 7-85　国图二期室内阅览中庭

图 7-86　国图二期阅览中庭局部

图 7-87　国图二期阅览区域

国图二期项目充分利用了天窗以及侧窗进行采光，但面积巨大的天窗并未专项安装遮阳装置，这主要由北京市光气候特征决定，如城市纬度、太阳高度角、晴天时数、太阳直射辐射量等，如果某地区夏季太阳高度角偏低且直射辐射量不高，则对于天窗而言其遮阳要求不高。如深圳图书馆部分阅览区紧邻大面积无遮阳幕墙，该区域在夏季产生了强烈的眩光，未能给读者提供良好的阅读体验，如此则可以建议该图书馆幕墙部分有必要加装遮阳措施。

7.6.5　图书馆采光总结

图书馆采光设计的核心问题是：如何让读者在天然光环境中舒适、安静地阅读。只要能满足这个目标则不必拘泥使用何种技术手段以及设计布局。无论是新建项目还是改建项目，都可以借助天窗、侧窗或是具有良好采光效果的表皮进行采光，并将阅览区域布置在采光最好的区域。有关图书馆的采光总结如下：

1. 图书馆应具有充分采光的阅览空间。充分采光意味着建筑设计方案，在满足热工需求的前提下，可以最大限度地将天然光迎入室内空间，这通常意味着较大面积的采光口，但大面积的采光口也意味着可能产生眩光（由日光直射引起），这就要求设计合理的遮阳方案，所谓合理遮阳是指结合当地光气候特征考虑遮阳问题，不因不合理的遮阳设计而降低采光效率。

2. 由于相同面积的天窗的采光效率高于侧窗，则在有条件的情况下优先考虑使用天窗或同时使用天窗和侧窗。阅览区域的布局则应该充分利用采光口对应的有效采光范围，本章节中介绍的 4 个案例无一不将阅览区域围绕天窗或紧邻侧窗布置，并在设计时应增大受益的阅览区域面积。即便是北向的侧窗，如果阅览区域近窗同样可给读者提供稳定、无眩光的阅读体验。

3. 安静是图书馆的又一个应具备的特征，没有人乐意在嘈杂的环境中读书。对于在闹市区或周围有噪音产生的环境中建设的图书馆，则可以考虑通过一定的"隔离"为图书馆划出一定范围的安静空间，并充分利用天窗进行采光。这是一个值得重视的问题，当前我国不少城市着手新建或改扩建原有城市公共图书馆，部分公共图书馆选址在繁华地段，但通过"实体"隔离出来的安静空间也有必要充分考虑采光问题，毕竟从个体体验而言：白天在灯光下的阅读感受不及天然光环境。

7.7 博物馆、美术馆

博物馆、美术馆等展览空间的采光问题是一个不易讲述的议题，这类建筑类型对于光环境的要求是明确的，但作为博物馆的主要服务对象——游客通常按照既定流线在馆内欣赏展品、短暂停留。这些特点使得以观看陈列为主要目标的光环境营造有不同的选择，天然光与人工照明有着各自的优点也存在不足。纵观国内外的重要博物馆、美术馆，同时存在通过采光营造出良好光环境的博物馆案例，也有不少知名博物馆、美术馆仅依靠人工照明。本章节谨对通过采光营造了良好光环境的博物馆、美术馆进行介绍。

博物馆是收集、保管、研究和陈列、展览有关自然、历史、文化、艺术、科学、技术和人类文化遗产等的实物或标本的场所，不少以收藏、展览艺术作品为主的博物馆也称作艺术博物馆或美术馆。因此，博物馆的建筑设计必须充分考虑妥善保护这些珍贵的展品，尤其是尽可能地使展品免受光线（包括可见光、红外线、紫外线等）的损害。光线对展品的损害程度与光线的光谱能量分布有密切关系，随着入射光的波长向蓝光或紫外波段移动，光对展品的损害程度增大。为此，博物馆展品的展览陈列区要限制紫外辐射，并达到使观众能看清展品的形象和色彩，特别是能显出展品的质感的基本要求；以及妥善保护展品，使其免受过量光学辐射的损害的目标。

随着构造材料与建筑工程技术的发展，20 世纪中期以后人工照明灯具主导了美术馆等建筑类型室内照明形式的发展，出现了在天棚上整合人工照明灯具来取代传统以天然采光为主的照明形式。人工照明灯具因其优势——输出稳定、发热低、光谱易选择——对传统的博物馆天然采光设计的形式造成了冲击。然而，天然光的光谱均匀连续，色温适宜。同时，天然光与生理光学、色觉心理学等有着微妙的联系。使用天然光照明，人体的适应程度较高，眼球的疲劳度可大为降低，是最理想的光源。曾听闻，室内光环境的设计分为三种境界。第一层是实现可视性，第二层是实现光环境的舒适性，第三层是实现光环境设计的艺术性。博物馆的光环境设计不能单纯从满足前两者进行考虑，更要上升到艺术的层次进行分析，相比较于稳定输出的电光源，天然光更加耐人寻味，是创作的更优质材料。

7.7.1　金贝尔美术馆

美国建筑大师路易斯·康利用构造形式引进天然光线来塑造展示空间特质的方法，为博物馆设计提出了一个兼具天然采光、设备系统整合与结构表现的设计思维，闻名遐迩的金贝尔美术馆与耶鲁大学艺术中心均是这种思路下的设计精品。

金贝尔美术馆（Kimbell Art Museum）于 1972 年建成，位于美国的德克萨斯州，建筑占地面积 $11000m^2$，建筑的长轴线为南北走向，展览馆的周围没有高层的建筑对展馆形成阴影。该地区全年的太阳照射较为强烈，夏天时烈日当头，照射在建筑上留下的阴影短

图 7-88　金贝尔美术馆鸟瞰（建筑设计：路易斯·康）

图 7-89　金贝尔美术馆室内

而深。图 7-88 所示为该美术馆鸟瞰图,美术馆由重复单元组成三列,两侧各六个, 中间四个, 单元体是相互独立的。金贝尔美术馆作为博物馆采光设计的范例选入了诸如《建筑物理》教科书等著作,影响深远。

无论在室外还是室内,建筑对光的考虑无处不在。在建筑两翼的西侧是连廊, 走廊能够防止下午阳光直射展厅, 能够很好地防止西晒。同时拱顶内部在阳光下形成强烈的阴影, 这与室内的亮拱顶形成鲜明的对比。走廊外分别对应着两个水池喷泉, 活动的水把阳光反射到连廊的墙上、拱顶上, 留下形状不一、不断晃动的光斑,像跳动的音符, 在宁静中带来动感。

展馆室内的采光设计已经被视为经典做法, 图 7-89 为该美术馆室内采光效果, 曲线的拱顶被从中间入射的天然光照亮进而照明整个室内空间, 悬挂在屋顶采光口下方的"人"字型遮挡。拱顶的剖面曲线不是半圆形, 也不是椭圆形, 而是优雅的摆线型。摆线即是一个圆在水平面滚动一周, 其起初圆与水平面相切的点所走的轨迹。图 7-90 为金贝尔美术馆展厅剖面图, 由图中可以看到屋顶曲线以及"人"字型构件的形式。拱顶上部中间的天窗开口宽为 0.9m, 拱顶下面的"人"字形半透明铝制穿孔反光体, 当光从天窗射入时, 会被铝制反光体先反射到拱顶天花, 再反射到展品上。摆线型的拱顶使得光线分布更加均匀柔和, 呈现出乳白色, 整个空间显得宁静而安详。

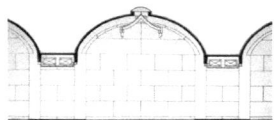

图 7-90　摆线形屋顶剖面

这个设计满足了大部分展品所需要的照度。半透明铝制穿孔反光体除了反射大部分阳光到拱顶, 还有一小部分阳光透射过来在室内形成长条光斑。光斑随着一天当中太阳轨迹的改变而移动，从早上到下午，光斑由西面正门慢慢移动到左边的木板墙上，当天空有云飘过的时候，也能够让人通过地上光斑变化感知。光把室内和室外联系起来，即使身处室内的游客也能感受室外的自然环境的变化。

拱顶与山墙相互分离，通过透明玻璃进行连接，光线能够从透明玻璃投射入摆线型拱顶，增加拱顶光照的亮度和均匀度，光线反射也使得室内及墙壁的照度提高。两个平行的拱不是直接交汇在一起，而是在底部以一个低矮的平顶面过渡，保证每个拱为独立单元。平顶既是拱的分割线，同时也是光的分割线。由于光线无法照射到平顶面从而形成一片暗区域，而摆线型的拱则在光的反射与散射下形成一片亮区域。一列拱的亮度是明暗不断交替的，产生一种韵律美。同一排的拱单元也不是直接相连的，而是通过透明玻璃间隔开来。光线直接投射玻璃进入室内，一方面能够增加室内的光强，另一方面能够打破空间的连续性，起着指示作用。

展馆内的展板不是单一整齐地平行于拱顶下的两边。图 7-91 所示的展板是可以移动的，或平行于拱顶下方，或向拱的中间突出，或直接垂直立于拱的正中间。展板把室内单一空间进行规划，既指引了有人游览线路，同时光在展板的引导、阻挡和反射下，把小空间营造成或明或暗的环境，既可以给游客带来不一样的光环境体验，也能够满足不同展品的光环境需求。

图 7-91　可活动的展板

图 7-92　梅尼尔私人收藏博物馆
（建筑设计：伦佐·皮亚诺）

7.7.2　梅尼尔私人收藏博物馆

梅尼尔私人收藏博物馆（Menil Collection Gallery）是世界著名的私人博物馆之一，位于美国休斯顿，建筑面积 9500m²，建成于 1986 年，是建筑大师伦佐·皮亚诺的代表作品之一。由于休斯顿位于美国南部日照充足地区,如何利用天然光成为设计重点。因此,皮亚诺应业主的要求,通过扇叶系统引入天然光,旨在营造柔和、自我消隐的展示环境。展厅全面浸润在柔和的天光之中、波浪般的空间体验均是本设计的亮点。

依循基地周围的城市脉络,建筑师将艺术收藏博物馆空间配置成东西长的矩形体量,塑造出融入当地社区纹理的艺术殿堂;并于南、北向设置服务性与主要入口。基于服务与被服务空间的机能特性,南区块规划为主要服务性空间,而为了能够引进比较稳定的天然光线,北向设计成单楼层天然采光的展示与公共空间;南向的服务空间则设计成二楼的建筑体量;地下室则规划为主要服务性空间。

皮亚诺尝试应用曲线光线反射板将屋顶形式设计成轻巧透光的天然采光顶棚。考虑到反射板必须有效地阻挡直射光线与反射入射光线,反射板的设计经历了四分之一圆弧至双曲率的形式发展过程(图7-93),而形式发展变化的主要原因在于反射板的形式必须是兼顾结构与光线调控的需求,而不能是平面桁架的一个圆弧形斜撑构件,从而最终演变成桁架下弦独立的反射叶片,并由其上另外的桁架构件组成屋顶。

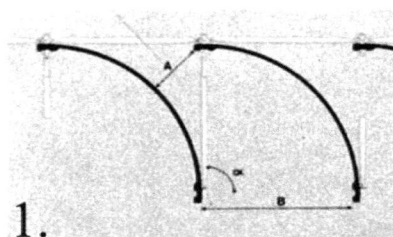

1. 遮阳板作为正方形平面桁架的侧向斜撑(金属)

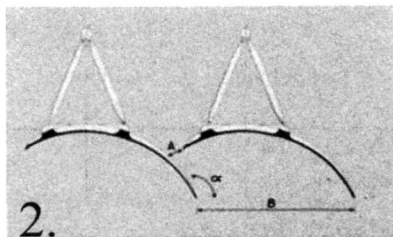

2. 遮阳板作为三角形平面桁架的下弦构件,兼具结构与光线调控作用(金属)

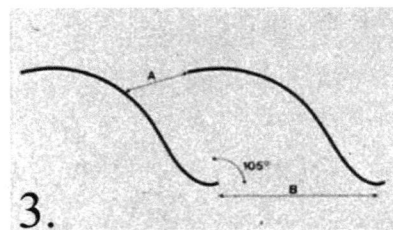

3. 遮阳板作为三角形平面桁架的下弦构件,调整遮阳板曲率提高反射效率(金属)

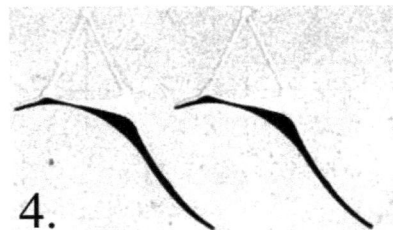

4. 最终定案构造形式(钢筋混凝土板)

图7-93 天然光线反射叶片的构造形式演变过程(图片来源:An Engineer Imagines)

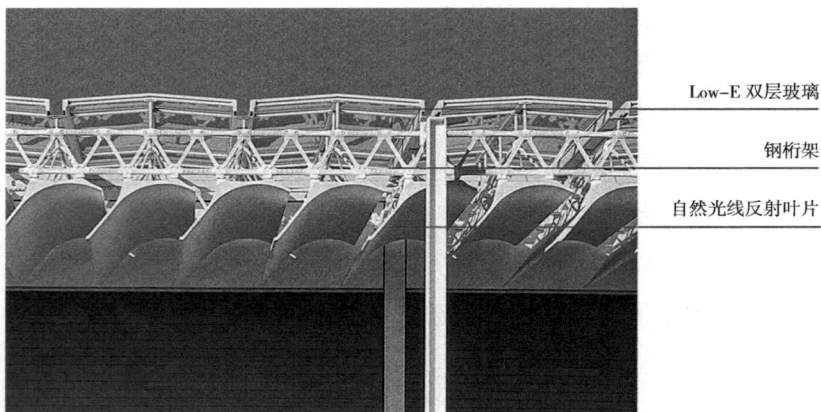

Low-E 双层玻璃

钢桁架

自然光线反射叶片

图 7-94 屋顶结构

梅尼尔私人收藏博物馆的屋顶被分为三层：Low-E 双层玻璃、钢桁架、天然光线反射叶片（图 7-94），具有特定的功能并提出如下两条解决问题的策略。该设计可以起到如下作用：

1. 过滤有害射线的策略。应用屋顶结构最上层的天窗玻璃将大部分有害的紫外线和红外线排除在外。

2. 反射成间接天然光线的策略。基于基地的朝向和纬度，将天然采光叶片沿东西向平行配置，有效阻挡夏冬雨季高角度与低角度直射日照的威胁，将直射光反射成对室内空间展示作品影响较小的间接天然光线。

对于某些地区，尤其是太阳辐射强烈的低纬度地区，丰富的天然光资源是建筑取之不尽的资源，但在开展采光设计时应注意对光线的控制问题，采光的本质是受控制地利用天然光，避免（过度的）太阳直射光直接入射室内是建筑采光设计的基本原则之一。规避直射光可以在室内形成均匀稳定的照度并且避免室内过热，梅尼尔私人收藏博物馆的天窗设计是在热带/亚热带地区天窗设计的经典案例，值得读者们充分体会并借鉴。图 7-95 是该建筑展室采光的实景图，无论室外日照如何强烈，室内始终可以形成均匀的光环境，并且大部分过滤掉了太阳辐射中非可见光成分。

相对于展示空间采用的天窗采光，诸如研究、办公室与储藏室等服务性质空间则采用侧窗采光，服务空间中天然光线的传输不受屋顶开口的限制。

图 7-95 室内采光效果实景图

7.7.3 大都会艺术博物馆

大都会艺术博物馆（The Metropolitan Museum of Art）是美国最大的艺术博物馆，也是世界著名博物馆，位于美国纽约 5 号大道上的 82 号大街，与著名的美国自然历史博物馆遥遥相对。"大都会"总体展出面积 20hm²，其中 8hm² 是主体建筑。它是与英国伦敦的大英博物馆、法国巴黎的卢浮宫、俄罗斯圣彼得堡的冬宫齐名的世界四大美术馆，该馆共收藏 300 万件展品，现在是世界上首屈一指的大型博物馆。博物馆设有 19 个不同的馆部，对应不同的展出主题。"大都会"不是一天建成的，建筑最初的部分建成于 1880 年，后期不断地扩建直至今日。建筑最初的主体部分（现已被加建部分遮盖）建设于 19 世纪 70 ~ 80 年代，建筑师为 Calvert Vaux 和 Jacob Wrey Mould；此后不断扩建，Richard Morris Hunt 于 1902 年设计了中央馆以及新古典主义的立面；1911 年 McKim 和 Mead&White 设计了北翼楼和南翼楼；1975 年后增建的 6 个附属建筑物由 Roche Dinkeloo事务所设计；2015 年 David Chipperfield 被选中负责进一步的扩建工作，期间还有多位上文中未提名的建筑师或事务所主持或参与"大都会"的建筑设计工作。图 7-96 为"大都会"鸟瞰图，从屋顶以及侧墙可以看到多处天窗以及侧墙上的幕墙，这些元素都表明建筑采光在此体量巨大的项目中得到了充分考虑。

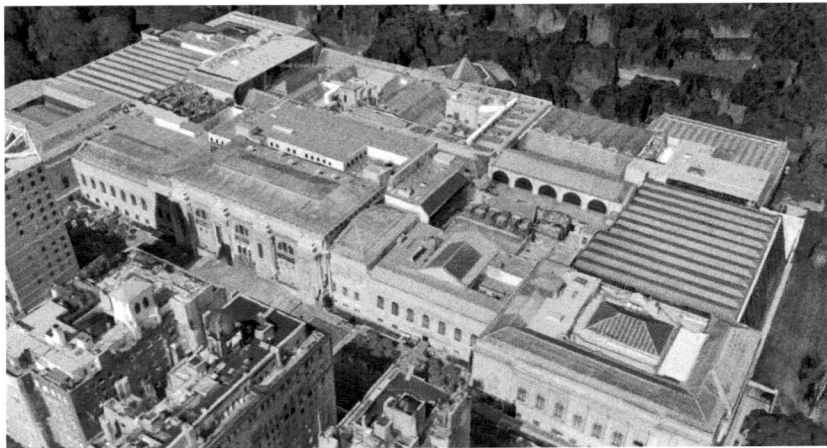

图 7-96　大都会艺术博物馆
（建筑设计：Calvert Vaux，Jacob Wrey Mould，Richard Morris Hunt，McKim，Mead & White 等多人或机构）

讲"大都会"的采光专题是不容易的，因为这是一座持续扩建愈百年，由很多个场馆及不同场馆之间连接部分组成的庞大项目。但首先可以指出的是"大都会"博物馆中不同的空间使用了包括各类型天窗、各类型侧窗、玻璃幕墙、发光天棚等近乎全部的采光方式。作为世界上最顶尖且以展品保护出色而著称的博物馆，说明了博物馆是适用于天然采光的，完全可以根据展览对象的特点选择场馆是否采光、如何采光，以及如何进行光线控制，由此我们可以给出如下结论：

采光与照明对于足够规模的博物馆而言并不是非此即彼的选项，部分展馆采光，部分没有采光的展馆采用人工照明是很自然的方案。

大都会博物馆对于天然光的利用是充分的，一直为人们所担心的太阳辐射所包含的紫外线成分可以通过技术手段进行规避，以避免天然光对光敏感的展品造成损坏。具体原则如下：

1. 使用具有紫外线过滤功能的透明材料作为采光口透光材料，对于光线较为敏感的展品则建议放置在具有保护功能的玻璃展柜中。

2. 通过遮阳装置（如纱质纺织品）控制天然光入射数量，令室内天然光环境处于合理的照度区间。

3. 选择合适的展品放置在有采光的展馆中，可以选择对于光线照射反应稳定的展品陈列于采光展厅中，如此，观众的视看效果好、拍照效果好。

4. 避免天然光对人工照明的干扰。

图 7-97 为"大都会"埃及馆，场馆采用大面积的玻璃幕墙与采光天棚的采光方略，效果震撼、气势雄浑，该部分位于整个博物馆东侧一角，是整个"大都会"中著名的馆部。侧墙上的玻璃幕墙装设有纱帘进行光线控制，屋顶为由天然光照明的"采光天棚"，可以通过屋顶层间的遮阳措施进行开闭以控制馆内的天然光数量。埃及馆可谓"充分采光"的博物馆展陈馆，运营至今陈列其中的展品保护得当，其光环境广受来自世界各地的游客称赞。

图 7-98 为博物馆中另一处采用大面积侧窗（侧向玻璃幕墙）采光的展馆，从图中可以清楚地看到使用纱帘进行光线控制的做法。在"大都会"中现代艺术馆部的展馆更是常常使用侧窗采光方案，可能是由于现代艺术品对于光线的稳定性更好的原因。

图 7-97　大都会博物馆埃及馆采用"侧窗 + 采光天棚"采光

图 7-98　大都会博物馆中采用玻璃幕墙采光的部分（幕墙内侧使用纱帘）

图 7-99　大都会博物馆中采用高侧窗采光的部分

图 7-100　大都会博物馆中采用天窗采光的场馆

图 7-101　大都会博物馆中采用天窗采光的场馆

　　"大都会"建设年代上溯至 1880 年，其中包含部分具有古典主义风格的场馆，图 7-99 所示的正是其中一处，该场馆直接使用两侧的高侧窗进行采光，由于进深窄、开窗面积大，因此室内采光充足，有时有较为强烈的日照，但该部分仅陈列金属兵器以及盔甲且展品放置在具有保护功能的玻璃罩内，展品未受到天然光的损害。天然光显色性好，天然采光空间环境照度高，这些特点有利于游客视看展品，也有利于通过拍照得到满意的记录效果，且拍照时默认不开启闪光灯（当然对于脆弱的光敏展品应遵守博物馆不许拍照的规定）。

　　天窗也在"大都会"中得到了良好的应用，整个博物馆具有多处天窗，部分区域使用采光天棚的手法围合空间。图 7-100 以及图 7-101 均为使用大面积天窗采光的展厅，大理石雕塑由于稳定性

图 7-102　大都会博物馆中仅使用人工照明的场馆

图 7-103　大都会博物馆中仅使用人工照明的场馆

图 7-104　大都会博物馆中发光天棚的（图片来源：www.nationalturk.com）

好被陈列在此类区域中，另外陶器、泥塑等展品被放置在保护罩中陈列于此。纽约纬度大致相当于我国沈阳市，相对而言太阳高度角低、不属于高辐照度区域，因此采用了无遮阳的天窗，此种设计对于展陈部分展品是合适的。

对于大多数博物馆而言，建筑规划布局限制了部分房间的采光，并非所有的房间均具有采光条件。而另一方面，博物馆展品中的某些目类对于光线敏感，微量超标的紫外线或高照度、高温度都可能损害展品。如收藏于故宫博物院，由天才少年王希孟创作于北宋的青绿山水图轴《千里江山图卷》由于使用矿物颜料且设色厚重、经历千年绢纸已然脆弱，过量的光线照射会令此珍品褪色，因此不建议陈列于采光环境中，即便是在精心控制的人工照明环境中展示也仅能"定时定量"，以保护珍品为首要。

由于博物馆中的部分房间没有采光条件，而且部分展品对于光线敏感不宜陈列于采光展厅中，因此将部分展品安排在无采光房间中进行展示是极合理的方式。"大都会"博物馆内也有为数众多的仅依靠人工照明的展厅，如图 7-102、图 7-103、图 7-104 均为由灯具照明的展厅，其中图 7-103 以及图 7-104 采用了发光天棚的照明手法，如此照明效果均匀、环境亮度高有利于游客观览。

纽约大都会艺术博物馆是一个规模庞大的博物馆，建筑本身已经是一座艺术品，馆藏的珍宝受到了良好的保护且展出效果良好，该博物馆采光方式丰富，其中对于室内光环境的处理手法可以作为博物馆设计的标杆，值得深入理解后借鉴之。

7.7.4 天津博物馆

天津博物馆位于天津市河西区，是展示中国古代艺术及天津城市发展历史的大型艺术历史类综合性博物。天津博物馆是由 20 世纪天津文博、社教、美术、博览四个系列的馆、院汇集而成的。2004 年由原天津市艺术博物馆和天津市历史博物馆合并组建，其前身为 1918 年成立的天津博物院。天津博物馆新馆总建筑面积 57856m²，地上五层，地下一层，建筑设计单位为华南理工大学建筑设计院，建成于 2012 年。

图 7–105 为天津博物馆外观，建筑以"世纪之窗"的概念作为设计的原点，再现天津的悠久历史和重要地位：这是回顾天津设卫建城 600 年的文明之窗，是再现中华百年看天津的历史之窗也是展望天津美好前景的未来之窗。"世纪之窗"将成为天津博物馆的核心空间，成为最具特色与震撼力的场所。"世纪之窗"设定为一个完整空间序列，试图通过空间的塑造诠释城市的历史。它由内而外贯穿整个博物馆，宽敞宏大的公共空间紧密联系各个展厅，成为公众参观和体验建筑的核心空间。

由于采纳了"窗"的概念，天津博物馆的公共区域采光充足，受控的天然光效果营造了有品质的天然光环境。进入博物馆后，公众将置身于宽 30m、长 80m、高 14m 的"时光隧道"。这是博物馆连接各个展厅的公共大厅，是"世纪之窗"最核心和最精彩的部分。大厅的天窗与侧墙形成层层叠叠的格栅，营造强烈的纵深感。天然光由天窗洒下，由暗至明，在墙壁和台阶上形成斑驳的光影，更增添了大厅的仪式感。大厅纵向逐级上升，由低至高，连接古代、近代、现代展厅。公众拾级而上，依次参观各个时代的主题展厅，仿若穿梭于"时光隧道"，游历天津由古至今的文明和历史发展。公共大

图 7-105　天津博物馆（建筑设计：华南理工大学建筑设计研究院）

图 7-106　天津博物馆室内公共区域采光效果

图 7-107　天津博物馆室内公共区域采光效果

图 7-108　天津博物馆展览厅内部

厅在南端横向展开成宽 100m、高 12m 的"未来大厅"，这是"世纪之窗"的终点。宽阔的"未来大厅"与深邃的"时光隧道"形成强烈的反差。阳光穿过巨大的玻璃幕墙，使"未来大厅"成为最明亮的空间。"未来大厅"将充分展现天津文化中心和城市景色，预示着天津的美好未来。

　　天津博物馆在公共区域进行了充足的采光，图 7-106 所示的是进入博物馆后的公共阶梯空间，该空间采用大面积天窗采光，天窗上设置了遮阳装置，确保进入室内的天然光柔和、均匀、相对稳定。图 7-107 为平台区域，该区域通过大面积侧窗（墙）进行采光，也充分保证了室内侧游客良好的视野，可以观览美丽的津门市容市貌。

　　天津博物馆馆藏北宋范宽的代表作《雪景寒林图》等珍品，为国之瑰宝、意义颇大。为了更加妥善地保护众多的馆藏珍品，该博物馆展览馆主要使用人工照明的方式，图 7-108 为天津博物馆展览厅内部，图中左侧为《雪景寒林图》真迹，从图中可以看到整个展览厅光环境良好，使用人工照明也有利于保护诸如古画等易受光、热损害的珍贵文物。

7.7.5　博物馆、美术馆采光总结

　　博物馆采光与展品保护并非必然是一对矛盾。采光与照明对于足够规模的博物馆而言并不是非此即彼的选项，部分展馆采光，部分没有采光的展馆采用人工照明是很自然的方案。在大多数情况下，一方面是博物馆中的部分房间没有采光条件，一方面是部分展品对于光线敏感不宜陈列于采光展厅中，将部分展品安排在无采光房间中进行展示是极合理的方式。

在博物馆中，尤其是展厅中，应注意如下问题：

1. 博物馆展厅内根据情况可以选择使用天窗或侧窗（高侧窗）进行采光，但无论使用何种采光形式均需注意展品的特点以及对天然光的节制问题。

2. 采光房间适宜陈列对于光线照射表现出稳定理化特征的展品（如金属、石材等材料制成的展品、部分现代艺术品等）。

3. 天窗或侧窗（幕墙）应使用具有光谱选择特性的透光材料，隔离非可见光部分的太阳辐射；对于大多数地区的博物馆中展厅的采光口应具有控光措施（如纱帘、遮阳帘等）；部分展品应放置在具有保护功能的罩内进行陈列，确保展品上温度、紫外线照射量符合要求。

参考文献

[1] 杨光璿，罗茂羲.建筑采光和照明设计 [M].北京：中国建筑工业出版社，1980.

[2] 詹庆旋.建筑光环境 [M].北京：清华大学出版社，1988.

[3] 吴硕贤.光景学发凡 [J].南方建筑，2017，179（3）：4-6.

[4] 中华人民共和国建设部.建筑采光设计标准（GB 50033–2013）[S].北京：中国建筑工业出版社，2013.

[5] 林若慈，赵建平.新版《建筑采光设计标准》主要技术特点解析 [J].照明工程学报，2013，24（1）：5-11.

[6] 郝洛西.光＋设计：照明教育的实践与发现 [M].北京：机械工业出版社，2008.

[7] 马剑.颐和园古典园林夜景照明技术研究 [M].天津：天津大学出版社，2009.

[8] 刘加平.建筑物理 [M].北京：中国建筑工业出版社，2009.

[9] P. R. Tregenza. The daylight factor and actual illuminance ratios [J]. Lighting Research & Technology，1980，12（2）：64-68.

[10] C. F. Reinhart C，J. Mardaljevic，Z. Rogers. Dynamic daylight performance metrics for sustainable building design [C]. Leukos 2006，3（1）：1-20.

[11] J. Mardaljevic，A. Nabil. The Useful Daylight Illuminance Paradigm：A Replacement for Daylight Factors[J]. Energy & Buildings，2006，38：905-903.

[12] Reinhart C. F. Daylighting Handbook：Fundamentals，Designing with the Sun[M]. Christoph Reinhart，2014.

[13] Baker N. V，Fanchiotti A，Steemers K. Daylighting in architecture：a European reference book[M]. Routledge，2013.

[14] Jakubiec J A，Reinhart C. F. DIVA 2.0：integrating daylight and thermal simulations using Rhinoceros 3D，DAYSIM and EnergyPlus[C]// Building Simulation. 2011.

[15] Papamichael K. Green building performance prediction/assessment[J]. Building Research & Information，2000，28（5-6）：394-402.

[16] 张昕，杜江涛.天然光研究与设计的"非视觉"趋势和健康导向 [J].建筑学报，2017（5）：87-91.

[17] Reinhart C. F，Walkenhorst O. Dynamic RADIANCE-based daylight simulations for a full-scale test office with outer venetian blinds [J]. Energy and Buildings，2001，33（7）：683-697.

[18] 罗涛.玻璃幕墙建筑的室内外天然光环境研究 [D].北京：清华大学，2005.

[19] Christoph F. Reinhart，J. Alstan Jakubiec，Diego Ibarra. Definition of a reference for standardized

evaluations of dynamic façade and lighting technologies [C]. Proceedings of BS2013，2013：3645-3652.

[20] I. Acosta，J. Navarro，J.J. Sendra. Towards an analysis of daylighting simulation software [J]. Energies，2011，4（7）：1010-1024.

[21] Jiangtao Du，Steve Sharples. The variation of daylight levels across atrium walls：Reflectance distribution and well geometry effects under overcast sky conditions [J]. Solar Energy，2011，85：2085-2100.

[22] 何荣. 用信息法研究天空亮度分布 [D]. 重庆：重庆大学，2008.

[23] 边宇，袁磊，冷天翔. 动态采光指标分析与侧窗采光范围 [J]. 哈尔滨工业大学学报（自然科学版），2017（10）：172-176.

[24] Shehabi A，DeForest N，McNeil A，et al. The light harvesting potential of dynamic daylighting windows[J]. Energy and Buildings，2013，66：415-423.

[25] C.F. Reinhart，A. simulation-based review of the ubiquitous window-head-height to daylit zone depth rule of thumb [C]. Proceedings of Buildings Simulation 2005，Montreal，Canada，2005：15-18.

[26] J. Mardaljevic. Validation of a lighting simulation program under real sky conditions [J]. Lighting Research & Technology，1995，27（4）：181-188.

[27] Fontoynont M. Daylight performance of buildings[M]. Routledge，2014.

[28] 沈天行. 天然采光的未来 [J]. 照明工程学报，1992，3（1）：92-96.

[29] Laouadi A，Reinhart C. F，Bourgeois D. Efficient calculation of daylight coefficients for rooms with dissimilar complex fenestration systems [J]. Journal of Building Performance Simulation，2008，1：3-15.

[30] C. F. Reinhart，J. Wienold. The daylighting dash board：a simulation-based design analysis for daylit spaces [J]. Building and Environment，2011，46（2）：386-96.

[31] 边宇，马源. 考虑视觉舒适度的动态采光模拟与照明能耗分析 [J]. 浙江大学学报（工学版），2018，52（9）：1638-1643.

[32] Littlefair P. Daylight，sunlight and solar gain in the urban environment[J]. Solar Energy，2001，70（3）：177-185.

[33] Borisuit A，Linhart F，Scartezzini J L，et al. Effects of realistic office daylighting and electric lighting conditions on visual comfort，alertness and mood[J]. Lighting Research & Technology，2014，47（2）：192-209.

[34] Tzempelikos A. Editorial：Advances on daylighting and visual comfort research[J]. Building and Environment，2017，113：1-4.

[35] Jakubiec J. A，Reinhart C F. The 'adaptive zone' – A concept for assessing discomfort glare throughout daylit spaces[J]. Lighting Research & Technology，2012，44（2）：149-170.

[36] Hopkinson R G. Glare from daylighting in buildings[J]. Applied Ergonomics，1973，3（4）：206-215.

[37] Wienold J，Christoffersen J. Evaluation methods and development of a new glare prediction model for

参考文献

daylight environments with the use of CCD cameras[J]. Energy & Buildings, 2006, 38（7）: 743-757.

[38] Van Den Wymelenberg K, Inanici M. A critical investigation of common lighting design metrics for predicting human visual comfort in offices with daylight[J]. Leukos, 2014, 10（3）: 145-164.

[39] Wienold J. Dynamic daylight glare evaluation[C]//Proceedings of Building Simulation. 2009: 944-951.

[40] Jakubiec J. A, Doelling M. C, Heckmann O, et al. Dynamic Building Environment Dashboard: Spatial Simulation Data Visualization in Sustainable Design[J]. Technology| Architecture+ Design, 2017, 1（1）: 27-40.

[41] Mardaljevic J, Lomas K. A simulation based method to evaluate the probability of daylight glare over long time periods and its application[C]//CIBSE National Lighting Conference. 1998: 5-8.

[42] Reinhart C. F, Wienold J. The daylighting dashboard–A simulation-based design analysis for daylit spaces[J]. Building and environment, 2011, 46（2）: 386-396.

[43] Chan Y. C, Tzempelikos A. A hybrid ray-tracing and radiosity method for calculating radiation transport and illuminance distribution in spaces with venetian blinds[J]. Solar energy, 2012, 86（11）: 3109-3124.

[44] Xiong J, Tzempelikos A. Model-based shading and lighting controls considering visual comfort and energy use[J]. Solar Energy, 2016, 134: 416-428.

[45] Jakubiec J. A, Reinhart C F. A concept for predicting occupants' long-term visual comfort within daylit spaces[J]. Leukos, 2016, 12（4）: 185-202.

[46] Reinhart C, Rakha T, Weissman D. Predicting the daylit area—a comparison of students assessments and simulations at eleven schools of architecture[J]. Leukos, 2014, 10（4）: 193-206.

[47] Bellia L, Fragliasso F, Stefanizzi E. Daylit offices: A comparison between measured parameters assessing light quality and users' opinions[J]. Building and Environment, 2017, 113: 92-106.

[48] Van Den Wymelenberg K, Inanici M, Johnson P. The effect of luminance distribution patterns on occupant preference in a daylit office environment[J]. Leukos, 2010, 7（2）: 103-122.

[49] Velds M. User acceptance studies to evaluate discomfort glare in daylit rooms[J]. Solar Energy, 2002, 73（2）: 95-103.

[50] Bian Y, Luo T. Investigation of visual comfort metrics from subjective responses in China: A study in offices with daylight[J]. Building and Environment, 2017, 123: 661-671.

[51] Wienold J. Dynamic simulation of blind control strategies for visual comfort and energy balance analysis[C]//Building Simulation, 2007: 1197-1204.

[52] IESNA I E S. LM-83-12 IES Spatial Daylight Autonomy（sDA）and Annual Sunlight Exposure（ASE）[S]. New York, N. Y, USA: IESNA Lighting Measurement, 2012.

[53] Jakubiec J. A, Reinhart C. F, Van Den Wymelenberg K. Towards an integrated framework for predicting visual comfort conditions from luminance-based metrics in perimeter daylight spaces[C]//

Building Simulation，2015，2015：1189-1196.

[54] Konstantzos I，Tzempelikos A，Chan Y C. Experimental and simulation analysis of daylight glare probability inoffices with dynamic window shades[J]. Building & Environment，2015，87：244-254.

[55] Painter B，Fan D，Mardaljevic J. Evidence-based daylight research：Development of a new visual comfort monitoring method[C]. Proceedings of Lux Europa 2009-11th European lighting conference，Istanbul，Turkey；2009.

[56] Hirning M. B，Isoardi G. L，Cowling I. Discomfort glare in open plan green building[J]. Energy & Buildings，2014，70（2）：427-440.

[57] Suk J. Y，Schiler M，Kensek K. Investigation of existing discomfort glare indices using human subject study data[J]. Building and Environment，2017，113：121-130.

[58] 杨倩苗，高辉. 中庭的天然采光设计 [J]. 建筑学报，2007（9）：68-70.

[59] Kleindienst S. A，Andersen M. The adaptation of daylight glare probability to dynamic metrics in a computational setting[C]. Proceedings of Lux Europa 2009-11th European lighting conference，Istanbul，Turkey；2009.

[60] Reinhart C. F，Walkenhorst O. Validation of dynamic RADIANCE-based daylight simulations for a test office with external blinds[J]. Energy & Buildings，2001，33（7）：683-697.

[61] Chan Y. C，Tzempelikos A，Konstantzos I. A systematic method for selecting roller shade properties for glare protection[J]. Energy and Buildings，2015，92：81-94.

[62] http://www.krisyaoartech.com/en/projects/transportation/Changhua-High-Speed-Rail-Station

[63] Gonchar J. Salesforce Tower[J]. Architectural Record，2018，206（7）：82-89.

[64] https://www.fosterandpartners.com/projects/stansted-airport/

[65] https://www.fosterandpartners.com/projects/beijing-capital-international-airport/

[66] 遇大兴，边宇. 机场建筑的采光设计分析 [J]. 照明工程学报，2018，29（3）：124-128.

[67] 周凌，张万桑，殷强，等. 南京鼓楼医院南扩工程 [J]. 建筑学报，2014（2）：46-51.

[68] https://www.actiu.com/en/projects/europe/rey-juan-carlos-mostoles-hospital/

[69] https://www.childrens.health.qld.gov.au/lcch/

[70] https://www.archdaily.com/595827/new-lady-cilento-children-s-hospital-lyons-conrad-gargett

[71] https://www.architectmagazine.com/project-gallery/pont-sur-yonne-nursing-home_o

[72] https://www.archdaily.com/778570/92-bed-nursing-home-dominique-coulon-and-associes

[73] Verderber S. Human response to daylighting in the therapeutic environment[C]//Proceedings of the 1983 International Daylighting Conference，Phoenix，Arizona. 1983.

[74] Acosta I，Leslie R. P，Figueiro M. G. Analysis of circadian stimulus allowed by daylighting in hospital rooms[J]. Lighting Research & Technology，2017，49（1）：49-61.

[75] https://www.archdaily.com/326747/q1-thyssenkrupp-quarter-essen-jswd-architekten-chaix-morel-

et-associes.

[76] Bodart M，De Herde A. Global energy savings in offices buildings by the use of daylighting[J]. Energy and Buildings，2002，34（5）：421-429.

[77] https://www.fosterandpartners.com/projects/city-hall/.

[78] 杨曦 . 办公建筑形体生成中的可持续策略研究 [D]. 天津：天津大学，2010.

[79] Architekten B. Genzyme Center[J]. Images retrieved February，2015，26.

[80] http://www.aiatopten.org/node/171.

[81] https://behnisch.com/work /projects/0104.

[82] Fasi M. A，Budaiwi I M. Energy performance of windows in office buildings considering daylight integration and visual comfort in hot climates[J]. Energy and Buildings，2015，108：307-316.

[83] EN B S. 15193：2007：Energy performance of buildings[J]. Energy requirements for lighting，2007.

[84] https://www.fosterandpartners.com/projects/bloomberg/

[85] Smith R. Ancient Roman IOUs Found beneath Bloomberg's New London HQ[J]. National Geographic News，2016，1：06.

[86] https://www.archdaily.com/882263/bloombergs-european-hq-foster-plus-partners.

[87] 刘雅凝 . 办公建筑的天然采光与能耗研究 [D]. 天津：天津大学，2008.

[88] Hobday R. Myopia and daylight in schools：a neglected aspect of public health?[J]. Perspectives in public health，2016，136（1）：50-55.

[89] Rose K A，Morgan I. G，Smith W，et al. Myopia，lifestyle，and schooling in students of Chinese ethnicity in Singapore and Sydney[J]. Archives of ophthalmology，2008，126（4）：527-530.

[90] Ramamurthy D，Lin Chua S. Y，Saw S M. A review of environmental risk factors for myopia during early life，childhood and adolescence[J]. Clinical and Experimental Optometry，2015，98（6）：497-506.

[91] 群体司 .2010 年全国学生体质与健康调研结果 [J/OL].[2011-09-02]. http://www.sport.gov.cn，2010（16）：n1077.

[92] Heschong L. Day lighting and student performance[J]. ASHRAE J，2002，44：65-67.

[93] 中华人民共和国建设部国家体育总局 . 体育建筑设计规范 [M]. 北京：中国建筑工业出版社，2003.

[94] 梅季魁 . 效率和品质的探求：黑龙江省速滑馆设计 [J]. 建筑学报，1996（8）：13-16.

[95] 梅季魁，刘德明，等 . 大跨建筑结构构思与结构选型 [M]. 北京：中国建筑工业出版社，2002.

[96] 李玲玲 . 体育馆自然采光方式比较与选择 [J]. 低温建筑技术，2003（5）：18-19.

[97] https://behnisch.com/work/projects/0492

[98] https://www.archdaily.com/416378/inzell-speed-skating-stadium-behnisch-architekten

[99] 厉奇宇 . 因采尔速滑馆，因采尔，德国 [J]. 世界建筑，2012（6）：76-79.

[100] https://www.archdaily.com/252812/london-2012-velodrome-hopkins-architects

[101] https://www.hopkins.co.uk/projects/3/131/

[102] Harries A，Brunelli G，Rizos I. London 2012 Velodrome–integrating advanced simulation into the design process[J]. Journal of Building Performance Simulation，2013，6（6）：401-419.

[103] https://www.metalocus.es/en/news/escola-gavina-arturo-sanz-carmel-gradoli

[104] https://www.archdaily.com/770438/escola-gavina-gradoli-and-sanz

[105] https://architizer.com/projects/sequoia-high-school-new-gymnasium/

[106] http://www.cawarchitects.com/content.php?id=SEQ&ct=K!2

[107] 美国建筑师学会 . 学校建筑设计指南 [M]. 北京：中国建筑工业出版社，2004.

[108] https://www.daylightinginnovations.com/projects/10-sequoia-high-school-gymnasium

[109] 蒋新，刘尧琪 . 现代图书馆建筑光环境的要求与实现 [J]. 图书馆杂志，2003，22（8）：27-29.

[110] Dean E. T. Daylighting design in libraries[M]. Libris Design Project，2005.

[111] https://calatrava.com/projects/university-of-zurich-law-faculty-zuerich.html

[112] Strehler R，Niederer U. The New Law Library of the University of Zurich[J]. Liber Quarterly，2006，16（2）.

[113] https://www.fosterandpartners.com/projects/free-university/

[114] https://www.archdaily.com/438400/free-university-of-berlin-foster-partners

[115] https://en.wikiarquitectura.com/building/philology-library-at-the-free-university-berlin/

[116] http://www.da-architects.ca/our-projects/library-square/

[117] https://www.archdaily.com/29856/national-library-ksp-engel-und-zimmermann-architekten

[118] 赵建平，肖辉乾，罗涛，等 . 建筑采光照明技术研究进展 [J]. 建筑科学，2013，29（10）：48-54.

[119] 芮明倬，刘明国，汪大绥，等 . 国家图书馆二期工程巨型钢桁架结构设计 [J]. 建筑结构，2007（5）：68-72.

[120] 廖昕 . 国家图书馆二期工程暨国家数字图书馆 [J]. 建筑学报，2008（10）：28-35.

[121] McCarter R. Louis I. Kahn[M]. Phaidon，2005.

[122] 约翰·罗贝尔，罗贝尔，成寒 . 静谧与光明 [M]. 北京：清华大学出版社，2010.

[123] 彭妙颜，周锡韬 . 国内外博物馆照明标准及其绿色照明技术的比较 [J]. 照明工程学报，2018（3）：46-52.

[124] 陈鲛 . 展览馆建筑的采光和照明 [J]. 建筑学报，1959（3）：25-31.

[125] Piano R，Berengo G. G，Cano E，et al. Renzo Piano building workshop[M]. ADA Edita，1997.

[126] Rice P. An engineer imagines[M]. London：Artemis，1994.

[127] https://www.metmuseum.org/

[128] 何镜堂，吴中平，郭卫宏 . 天津博物馆 "世纪之窗" 的思与筑 [J]. 世界建筑，2012（10）：104-109.

[129] 马剑，边宇，王秀锦，等 . 应用 GIS 的城市夜景照明规划支持系统研究 [J]. 照明工程学报，2007，18（1）：13-16.

后 记

　　写此书的初衷完全出于个人的兴趣，希望与对建筑采光有兴趣的读者一起交流。

　　自 2015 年萌生写一本有关建筑采光的小册子的想法至今，前前后后历时近 4 年，终于在 2018 年国庆节期间完成了本书的初稿。由于本人精力及水平所限，写书的全过程虽然拖了很久，但疏漏、错误之处想必不少，如有发现恳请指正。